此书枕边放

轻松做学霸

ID# 成为记忆高手

和死记硬背说拜拜

方法　实践训练　应用

记忆三剑客 著

中国纺织出版社有限公司

内 容 提 要

记忆三剑客从事记忆培训工作十余年，悉心总结出这套适合自学的记忆法。全书分为上、下、中三篇，上篇讲述经过实践检验的出图法、关联法、串联法、编码法等十种高效记忆方法，中篇讲述记忆方法在字词、文章、数字、单词、图形等记忆领域中的应用，下篇讲述能力训练的实践。

读者朋友们可以根据自己的需求或从头到尾仔细阅读和练习，或选择自己需要的部分精读并有针对性地训练，配合书中设置精巧的案例，你一定可以提升自己的记忆力、创造力、反应力和自信心，达到令自己满意的记忆力提升效果。

图书在版编目（CIP）数据

成为记忆高手：和死记硬背说拜拜 / 记忆三剑客著 . -- 北京：中国纺织出版社有限公司，2024.4
ISBN 978-7-5229-1347-6

Ⅰ.①成… Ⅱ.①记… Ⅲ.①记忆术 Ⅳ.①B842.3

中国国家版本馆CIP数据核字（2024）第032930号

责任编辑：郝珊珊　　责任校对：高　涵　　责任印制：储志伟

中国纺织出版社有限公司出版发行
地址：北京市朝阳区百子湾东里A407号楼　邮政编码：100124
销售电话：010—67004422　传真：010—87155801
http://www.c-textilep.com
中国纺织出版社天猫旗舰店
官方微博 http://weibo.com/2119887771
鸿博睿特（天津）印刷科技有限公司印刷　各地新华书店经销
2024年4月第1版第1次印刷
开本：710×1000　1/16　印张：14.75
字数：238千字　定价：68.00元

凡购本书，如有缺页、倒页、脱页，由本社图书营销中心调换三位记忆大师张铁国、冯思海、雷鹏累计在全国教授学员二十余万人，培养了多名儿童世界记忆大师，由此积累了大量宝贵的教学经验，由他们共同创作的《成为记忆高手：和死记硬背说拜拜》终于面世。此书为记忆力提升实用类图书，是告别死记硬背，激发读者记忆潜能，全方位提升记忆力的好工具，它提供了实用的记忆技巧和训练方法。记忆力超群是每一个人都渴望的，尤其是广大学子，阅读本书，并认真地学习，刻意地练习，就会提升记忆力，快速长久地记住单词、数字、诗词等，拿到记忆的金钥匙。学习此书，一定会让你硕果累累！

——裴兴旺　中国管理科学研究院研究员
内蒙古中华传统文化促进会会长
内蒙古书画院副院长
内蒙古公益事业发展协会副会长
内蒙古口岸经济贸易联合会副会长

　　《成为记忆高手：和死记硬背说拜拜》由三位记忆教练倾力打造，从记忆方法到记忆能力，由浅入深，可以让任何人快速掌握记忆技巧并且大量运用到学习、生活和工作中。它不仅能够助你提高记忆知识的效率，还能助你获得思维模式的转变和提升。尤其难得的是，本书通俗易懂，读完就能学以致用，值得我们好好研读。

——何磊　世界记忆锦标赛全球总裁判长（2020—2022）
中央电视台《挑战不可能》第四、五季特邀嘉宾
世界记忆大师

　　工欲善其事，必先利其器。掌握科学的记忆方法，并不断应用到日常的学习中，一定会让学习事半功倍，让枯燥的记忆变得更有趣味性！本书凝结了多位记忆大师近十年的经验，通过通俗易懂的讲解和图文并茂的实例，让同学们可以快速掌握记忆方法！相信本书能让孩子们学有所成，学有所获！

——张江维　陕西省魔方运动协会主席
"十四运"魔方文创全国总设计师

我看过一百多本有关记忆的书，自己也出版了十几本和记忆相关的书。但在读了三位记忆大师合作出版的这本《成为记忆高手：和死记硬背说拜拜》之后，突然记不清别人的书中曾经写过哪些内容，也觉得自己当年写的那些书实在有些班门弄斧。

——石伟华

学习是我们终生的事业，而良好的记忆力是撬起这项事业的杠杆。记忆力是一种脑科学，涉及刺激大脑的神经元发展，促进学习的高效性。如何做到这些呢？来看看这本书吧，它会带给你一场脑力盛宴。

——宋雅琴　副教授

本书从掌握方法、学会应用、习得能力三个部分系统介绍了多种记忆方法及其应用，深入浅出；书中的实例讲解内容丰富多样，图文并茂；不同的学习方式指引有助于满足差异化的读者需求，相信此书对致力于记忆力提升的读者有所裨益。

——张婷　管理学博士　硕士生导师

记忆是心理学中一个重要的研究领域。记忆能力是可以通过学习和训练得到提高改善的。本书以实用记忆方法为基础，带领我们探寻记忆的奥秘；以学科应用为载体，提升我们的记忆能力，具有较高的实用价值。我相信通过学习本书，你的记忆能力一定会实现从量变到质变的突破。

——李玉琳　中国矿业大学博士
北京科技大学工程师

自古以来学习是人类获取知识和生存能力的重要手段，是传授和发扬知识的最有效途径。在学习道路上，不了解学习的原理，就是在无效重复；缺乏有效的学习方法，就是在消耗天赋。其中记忆能力显得尤为重要。这本书讲述了记忆的技巧，提供了详细的记忆方法和思维模式，相信本书一定能让大家提高学习效率，开启"外挂"模式。

——肖海　邦定服饰（陕西）集团有限公司董事长

　　在信息爆炸的时代，记忆力的好坏直接影响着我们的学习、工作和生活的质量。然而，我们往往被琐事干扰，或者因为不良的学习习惯而记忆力减退。因此，如何提高记忆力成为一个迫切需要解决的问题。通过阅读这本书，你将了解记忆法的基本原理和应用方法，掌握一些实用的记忆技巧，并能够有效地评估和提高自己的记忆力。无论你是学生还是工作者，这本书都将为你提供有益的帮助。让我们一起努力，提高自己的记忆力，创造更美好的未来！

——鲁科　陕西泉屹企业管理咨询有限公司总经理

　　张铁国老师是我记忆之路上的引路人。我在小学的时候，听了铁国老师风趣幽默的记忆特训课，被老师展示出的随口倒背诗词古文、瞬记数字扑克的能力所震撼，惊为天人。由此我萌生出一个梦想，想成为和铁国老师一样的记忆超人。在铁国老师的指导训练下，我12岁时晋级了"世界记忆大师"。这份"超能力"也使我在学习中受益匪浅，小学、初中、高中一路轻松过关斩将。这本书是记忆三剑客多年记忆实战心法的浓缩精华，希望也能帮你点燃梦想，打开一扇新世界的大门。

——董知霖　世界记忆大师
优秀学员

　　一个偶然的机会，我接触到了"世界记忆大师"冯思海老师举办的记忆力培训班，抱着好奇的心态试听了一次，从此便踏上了我的"记忆"之路。冯老师讲课通俗易懂，形象生动，富有幽默感，能调动课堂气氛，寓教于乐，激发学生无限的兴趣。这也是我非常喜欢上记忆课的原因之一。另外，学习了这些记忆方法，我在学习过程中遇到一些需要记忆的内容时，能够迅速并且牢固地掌握，给我的记忆增添了乐趣。在记忆培训过程中，我也积极参加比赛，曾获得城市赛一金四银的成绩，并成功晋级世界总决赛。本书将课堂中的内容跃然纸上，你一定能在快乐中学到技能，增强自信，提高效率。

——詹梓晴　北京市三好学生

优秀学员

序

为什么还有人认为记忆力的好坏是天生的？

为什么看了那么多提升记忆力的书还是没有效果？

为什么报了很多课程，学习时都听懂了，却仍然不知道怎么用？

这些不仅是各位读者朋友心中的疑问，也是我们从业多年来，学员及家长问得最多的问题。

我们三人（张铁国、冯思海、雷鹏）有着共同的身份——"世界记忆大师"，有着共同的梦想——"让中国的孩子学会真正的记忆法"，有着共同的心愿——"让记忆运动在中国发扬光大"。于是我们三人结伴携手，不忘初心，砥砺前行，向着自己的目标不断努力，并帮助越来越多的孩子摆脱了死记硬背的苦恼。

我们的名字叫——记忆三剑客。

我们从事记忆方法教学十余年，累计教授学员二十余万人，年龄段覆盖6~91岁，群体包含学生、老师、宝妈、职场人、企业家等。在跟这些学员交流的过程中，我们发现了一个很有意思的现象：很多人阅读了提升记忆力的书籍，但都只是停留在看懂了的层面，一旦自己去进行记忆时，压根不能熟练地应用这些方法，甚至又回到了死记硬背的方式中。出走半生，归来仍是"小白"！

其实任何一本记忆力书籍里的方法都可以让你显著地改善记忆力，之所以没有达到预期的效果，是因为没有人帮你查漏补缺，指导你实操训练，帮助你养成习惯。比如，请世界游泳冠军给你上一堂精彩的游泳理论课，虽然游泳的动作要领你全听懂了，但是把你扔进水里，你仍可能会呛水，无法游泳。记忆力训练也是如此，只学习理论等于没有学习！

于是我们三人结合自己的亲身经历，经过多年不断研究、积累，总结经验、迭代与升级方法，最终独创了一套科学的记忆训练系统。本书内容针对记忆力小白或者初学者设计，分为掌握方法、学会应用、习得能力三个阶段。

我们将繁杂的记忆方法简化为易于学习的十种方法，这十种方法是一套完整的记忆系统，几乎涵盖了学习、工作、生活中需要记忆的所有资料类型。我们又将常见的学习、工作、生活资料分为九类，为每一类都设计了完整的记忆流程，分步操作，简单易学。同时我们还总结了十余年的教学实战经验，形成了一套科学有效的记忆能力提升训练系统，让你清晰地知道如何一步一步地提升自己的记忆能力。

从记忆的十大方法到记忆资料九宫格的应用，再从方法的熟练应用到记忆能力的全面提升，全书贯穿了丰富的训练案例和指导建议，让你在轻松快乐的练习中不知不觉地成为记忆高手！

记忆三剑客

本书阅读指南

本书分为上、中、下三篇。上篇"记忆金钥匙"着重讲解记忆的十大方法，以及每种方法的应用场景。中篇"记忆九宫格"将常见的学习资料分为九类，并为每一类都设计了详细的记忆流程和方法。下篇"记忆全能王"着重讲解训练的模式，规范训练步骤，高效地提升记忆能力。当你将方法全部掌握之后，10分钟记一首古诗还是30秒记一首古诗就差在训练上了，训练得越多你的能力就越强。

根据读者的不同需求，本书有三种学习方式供大家参考：

1.从应用出发。此学习方式容易速成，从资料倒推方法，好比先实战，再根据对手的招式寻找应对方法，类似"临时抱佛脚"，适用于应对需要在短时间内记忆大量同类信息的情况，如考前复习等。先分析记忆资料的类型，在中篇找到对应的章节阅读，了解此类型资料记忆的流程和所涉及的记忆方法。然后在上篇找到对应的方法，仔细学习。掌握记忆方法后，按照中篇的记忆流程速记即可。

2.从方法出发。此学习方式相对传统，先系统学习方法，再按自己的需要学习应用方法。好比把记忆的招式全部学会，再去实战。这样实战胜率很高，但是练习招式需要花点时间，类似于"磨刀不误砍柴工"，适合时间相对充足，想要系统学习的朋友。

先按顺序学习上篇章节，确保自己熟练掌握每种方法。中篇则可以根据自身的需求打乱顺序挑选，先训练自己感兴趣的板块，或者先训练对自己重要的板块。上篇适合集中火力，以最快的速度完成阅读。上篇方法之间互有联系，整体通读更容易理解并掌握。中篇适合稳中求胜，练透一格再练下一格，只要在实战中保持自信，记忆效率就会大幅提升，这种感觉会迁移到下一格，越往后学习效率越高。

3.从能力出发。从能力的角度，记忆分为速记、量记、牢记。速记指记忆量固定，记忆时间越短，速度越快，比如一首八句的古诗，背诵时间越短，速记能力越强；量记指记忆时长固定，记忆的内容越多，量记能力越强，比如一小时内，背会十首古诗就比背会五首古诗的量记能力强；牢记指的是记忆持久度，一个知识点从记住到忘记，中间保持的时间越长，牢记能力越强。这是衡量记忆能力的三种不同角度，但这三种能力又相辅相成。速记能力变强，量记、牢记能力也会变强。

学习下篇要建立在上篇和中篇都学会的基础上。数字、词语是所有记忆资料的基础，这两项是必练项目。其他项目可以根据自己的需求先选择两种。选定四项后，以每天两项交替训练的方式进行。每天每个项目训练20分钟左右。静下心来，只关注训练的过程，不自我设限。每天做好训练日志，以百日训练为一个基础目标。由浅入深，由易到难，循序渐进，逐步提升记忆能力。

如果你的目标是应对学习生活所需，从前两种学习方式中任选其一，都可以实现你的目标，并且让你的记忆效率至少提升3倍。如果你立志要成为记忆大师，将自己的记忆效率提升10倍以上，那么第三种学习方式就最合适不过了。

准备好了吗？
让我们开始吧！

目录 CONTENTS

上篇 记忆金钥匙（方法篇）

001

第一章　移花接木（出图法） / 002

第一节　记忆核心三要素 / 002

第二节　具象出图（直接） / 008

第三节　抽象出图（代替） / 011

第二章　奇思妙想（关联法） / 015

第一节　逻辑关联 / 015

第二节　奇像联想 / 016

第三节　自己做主角 / 019

第四节　破坏法 / 022

第五节　关联实例 / 024

第三章　珠联璧合（串联法） / 029

第一节　直接串联 / 029

第二节　故事串联 / 032

第三节　混合串联 / 034

第四章　奇幻变装（编码法） / 040

第一节　数字编码 / 041

第二节　字母编码　/　046

第三节　图形编码　/　050

第四节　符号编码　/　054

第五章　定海神针（地点法）　/　058

第一节　宫殿地点　/　058

第二节　旅程地点　/　062

第三节　虚拟地点　/　065

第四节　记忆宫殿　/　067

第六章　变形金刚（部位法）　/　075

第一节　事物部位　/　075

第二节　人物部位　/　079

第三节　动物部位　/　082

第七章　倒挂金钩（衣钩法）　/　084

第一节　文字钩　/　084

第二节　题目钩　/　086

第三节　人物钩　/　087

第八章　化繁为简（缩略法）　/　089

第一节　口诀法　/　089

第二节　字头法　/　090

第三节　关键词法　/　090

第九章　化整为零（拆分法）／ 093

第一节　以熟记生 ／ 093

第二节　分块记忆 ／ 094

第三节　分步记忆 ／ 096

第十章　情景交融（情景法）／ 098

第一节　情景联想 ／ 098

第二节　情景定位 ／ 100

第三节　情景带入 ／ 102

**中篇
记忆九宫格
（应用篇）**

103

第十一章　字词记忆 ／ 104

第一节　生字记忆 ／ 104

第二节　词语记忆 ／ 108

第三节　成语记忆 ／ 114

第十二章　文章记忆 ／ 120

第一节　古诗记忆 ／ 120

第二节　古文记忆 ／ 128

第三节　现代文记忆 ／ 137

第十三章　知识体系记忆 ／ 142

第一节　常识题 ／ 142

第二节　简答题 ／ 144

第三节　论述题 ／ 146

第十四章　数字记忆 / **148**

第一节　十进制数字记忆 / **148**

第二节　二进制数字记忆 / **150**

第三节　历史年代记忆 / **152**

第十五章　符号记忆 / **154**

第一节　成组符号记忆 / **154**

第二节　数理化符号记忆 / **156**

第十六章　单词记忆 / **159**

第一节　认识法 / **159**

第二节　拆分法 / **161**

第三节　类比法 / **164**

第十七章　图形记忆 / **171**

第一节　具象图形记忆 / **171**

第二节　抽象图形记忆 / **176**

第三节　学科图形记忆 / **177**

第十八章　卡牌记忆 / **180**

第一节　扑克牌记忆 / **180**

第二节　色卡记忆 / **183**

第十九章　头像记忆 / **184**

第一节　人名与头像记忆 / **184**

第二节　头衔记忆 / 185

下篇
记忆全能王
（能力篇）

189

第二十章　随机数字训练 / 190

第一节　数字基础训练 / 191

第二节　数字提升训练 / 195

第三节　数字拓展训练 / 196

第二十一章　生字词训练 / 198

第一节　生字训练 / 199

第二节　生词训练 / 199

第三节　成语训练 / 200

第二十二章　古诗文训练 / 201

第一节　四句古诗训练 / 202

第二节　八句古诗训练 / 202

第三节　古文记忆 / 203

第二十三章　现代文训练 / 205

第一节　短句训练 / 206

第二节　短文训练 / 207

第三节　长文训练 / 208

第二十四章　史地政训练 / 209

第一节　历史知识点训练 / 210

第二节　地理知识点训练 / 211

第三节　道德与法治知识点训练　/　212

第二十五章　随机单词训练　/　213

第一节　字母训练　/　214

第二节　规律词训练　/　215

第三节　随机词训练　/　216

上篇
记忆金钥匙（方法篇）

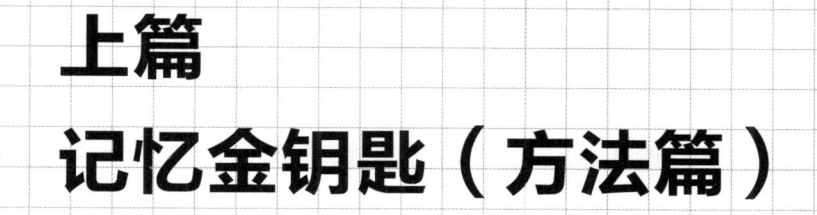

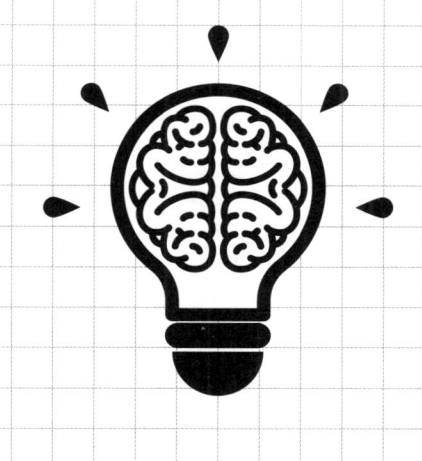

第一章　移花接木（出图法）

出图法是本书中所有方法的基础，只要深刻领悟并熟练掌握本章节的方法，你就迈入记忆法的大门了。相反，如果没有认真学习出图法，地基没有打牢固，本书中其他方法应用起来就会大打折扣！所以请读者朋友们一定要认真学习本章节！

记忆核心三要素把所有的记忆方法归纳为三个核心点，让读者朋友们在繁杂的记忆方法中抓到核心。再通过具象词和抽象词的训练，让大家快速掌握出图法的诀窍。

你准备好了吗？

那我们开始吧！

第一节　记忆核心三要素

记忆就是将获取的信息储存到大脑中，在需要的时候快速地提取出来。大脑的容量非常大，大到理论上可以储存3000万册图书。脑容量这么大，为什么我们却经常忘记呢？为什么我们一遇到需要记忆大量知识的情况就会心生恐惧呢？主要原因是存储方法不得当。当你提取的时候找不到了，认为自己忘记了，就会产生压力。学习最怕的就是边学边忘！忘一次还没有那么可怕，最可怕的是复习了多次，需要用的时候还是想不起来。众里寻他千百度，那人却在灯火阑珊处！

举个不恰当但很生动的例子：你的大脑是一个可以存放3000万册图书的图书馆，这个图书馆很大，楼层也很多。假如你目前学到的所有知识是50万册图书，如果这50万册图书是杂乱堆放其中的，当你想要提取其中一本书的时候，就会很困难。常用的书你可能还找得到，但想找到不常用的书就像大海捞针一样难。但是如果这50万册图书是分门别类、按一定的规则存放其中的，那么当你想要找到其中一本的时候，只要按照你的存放规则，找到对应的区域，再找到这本书就会比较容易。

所以我们必须给大脑安装一套记忆软件，把我们需要记忆的知识按照大脑喜欢的方式，有规则地存储到大脑图书馆里，这样我们就再也不用担心自己的记忆了。

这套记忆软件有三大法则：

法则一：找到记忆信息中的规律或者将记忆信息加工成有规律的。

举例：请在10秒内记住下列数字：

| 1 | 4 | 9 | 1 | 6 | 2 | 5 | 3 | 6 | 4 | 9 | 6 | 4 | 8 | 1 | 1 | 0 | 0 |

你记住了吗？

我相信对你来说这有一定的挑战性，但是如果你发现了其中的规律，1秒就可以全部记住。

1	4	9	1	6	2	5	3	6	4	9	6	4	8	1	1	0	0
1	4	9	16		25		36		49		64		81		100	
1^2	2^2	3^2	4^2		5^2		6^2		7^2		8^2		9^2		10^2	

当你从记忆信息中发现了规律，那么记忆就非常轻松了。如何发现信息中的规律呢？我们可以从顺序、相似、相反、相关、因果等各种角度去思考。

思考角度	案例
顺序	按时间顺序记忆历史朝代；按空间顺序记忆中国34个省级行政单位的位置
相似	记忆双胞胎，可以通过他们长相上的细微差别去区分；乌龟与甲鱼，对比它们之间的差别更容易记住它们
相反	最高的山和最矮的山；最大的国家和最小的国家
相关	有利于提升记忆的十二种食物
因果	猫吃鱼，狗吃肉，奥特曼打小怪兽

在记忆时，有意地尝试着去发现信息中的规律，会使记忆变得越来越容易！

我们还面临一种情况，就是记忆信息的规律性没有那么强或者压根没有规律，这个时候规律化就不起作用了，如国土面积排名前100的国家、梁山108好汉的名字等。面对这些比较难找规律的信息，我们就需要用到第二个法则——影像化。

法则二：把记忆的信息转化成影像。

举例：请尝试只读一遍就记住下面的词语。

| 青蛙 | 海洋 | 鲤鱼 | 皮球 | 朋友 | 炭火 | 弹弓 | 羊肉串 | 扶梯 | 奶牛 |
| 娜姐 | 美女 | 铝锅 | 龟壳 | 邻居 | 榴梿 | 绿叶 | 牙齿 | 甲虫 | 钙片 |

怎么样？你能记住多少个呢？如果要求顺序也不能错，是不是你能记住的词就更少了呢？

如果我们把上面的信息影像化，我相信只读一遍你就能全部记住而且顺序准确。我们先来体验影像化的方式，稍后我再进行解释。我们都做过白日梦，白日梦是一种在脑海中想象一些画面，并调动自己情感的状态。现在请你进入做白日梦的那种状态，跟随着我的引导，快速开动你的想象力：

想象你的手里握着一只<u>青蛙</u>。<u>青蛙</u>跳进<u>海洋</u>，<u>海洋</u>里钻出一条<u>鲤鱼</u>。<u>鲤鱼</u>嘴巴顶着<u>皮球</u>，<u>皮球</u>砸到了<u>朋友</u>。<u>朋友</u>踩在<u>炭火</u>上行走，<u>炭火</u>上烤着一个<u>弹弓</u>，<u>弹弓</u>上穿着<u>羊肉串</u>。把<u>羊肉串</u>扔到<u>扶梯</u>上面，<u>扶梯</u>上冲下来一头<u>奶牛</u>，<u>奶牛</u>撞到了<u>娜姐</u>。<u>娜姐</u>拉着一位<u>美女</u>，<u>美女</u>抱着<u>铝锅</u>，<u>铝锅</u>里煮着<u>龟壳</u>。把<u>龟壳</u>送给<u>邻居</u>，<u>邻居</u>回赠了一个<u>榴梿</u>。<u>榴梿</u>上长出一片<u>绿叶</u>，<u>绿叶</u>上长了两排<u>牙齿</u>。<u>牙齿</u>咬到一只<u>甲虫</u>，<u>甲虫</u>在吃<u>钙片</u>。

我的故事讲完了，我们来回忆一下：手里拿着什么？青蛙。青蛙跳进哪里？海洋……如果你认真地跟随我的引导去想象，我相信你一定可以准确无误地背诵出来这20个词。

同样的20个词语，想一遍比读一遍记忆效果好得多，这就是影像的魔力。所谓影像，就是闭上眼睛脑海中浮现出的某个形象或场景。大脑更加喜

欢影像化的内容，如果我们可以将所有要记忆的信息都影像化，那么我们记忆起来会容易得多。影像这一概念贯穿全书，在此我们先对其有整体的认知，在后面的内容中，我们会详细训练大家影像化的能力。

法则三：用大脑熟悉的信息，把要记忆的信息定位在大脑里。

法则三中提到的"熟悉的信息"，又被称为线索。我们都对自己身体的部位非常熟悉，我们可以从上到下选择十个身体部位来进行练习。

1	2	3	4	5	6	7	8	9	10
头发	眼睛	鼻子	嘴巴	脖子	胸口	肚子	大腿	小腿	脚

请你快速地回忆一下刚刚的10个身体部位，我相信你一定记得住，因为我们对自己的身体太熟悉了。接下来我们用这10个部位来记忆下面的词语：

1	2	3	4	5	6	7	8	9	10
辫子	丑兵	白棉花	酒鬼	老枪	良心作证	爆炸	藏宝图	黑沙滩	蛙

跟着我一起联想：

身体部位	词语	联想
头发	辫子	头上扎满辫子
眼睛	丑兵	眼睛看到丑兵
鼻子	白棉花	鼻子里塞满了白棉花

续表

身体部位	词语	联想
嘴巴	酒鬼	嘴巴在喝酒
脖子	老枪	脖子顶着一把老枪
胸口	良心作证	拍着胸口想良心作证
肚子	爆炸	肚子爆炸了
大腿	藏宝图	大腿上画着藏宝图
小腿	黑沙滩	小腿踩进黑沙滩
脚	蛙	脚踩死蛙

请你从上到下快速地背诵一遍，我相信你全部都能记住。肚子怎么了？爆炸。嘴巴在干什么？喝酒。不仅可以全部背诵出来，还可以随意地抽背。

身体部位就是熟悉的信息，这10个词语就是我们要记忆的信息。我们以身体部位为线索，就可以做到轻松定位。当然，我们熟悉的信息不只有身体，还有空间场景、物品等。在这里，请先理解线索这个概念，后面会系统地讲解搭建线索的方法！

记忆核心三要素——规律、影像、线索，贯穿所有的记忆方法。只要能深刻地理解其中的精髓，后面所有的方法都会一点就透！

出图法主要训练影像化的能力。人类被称为"视觉动物"，因为我们的大脑皮层有接近一半，都是负责处理视觉信息的。因此，大部分人对影像的记忆最深刻。就像你自己去过的地方，去过一次你就能记很久很久，再比如你看过的影片，你也会记忆深刻。之所以会这样，与我们的大脑有着直接的关系。左右脑理论就很好地解释了这个现象。1981年，美国心理生物学家斯佩里博士（Roger Wolcott Sperry）做过一个非常著名的实验——割裂脑实验，实验证实了大脑不对称性的"左右脑分工理论"。左脑是"意识脑""学术脑""语言脑"，右脑是"图像脑""本能脑""潜意识脑""创造脑""音乐脑""艺术脑"；并且左右脑具有明显不同的思维和记忆能力。右脑的记忆能力远超左脑，不信我们一起来体验一下图像在记忆中的强大作用。

先来读一下唐朝诗人王翰的这首《凉州词》：

　　葡萄美酒夜光杯，欲饮琵琶马上催。

　　醉卧沙场君莫笑，古来征战几人回？

正常情况下我们都是理解记忆或者直接死记硬背，这会导致两种情况：量少时记得快忘得快，量多时记得慢忘得快。但如果我们把记忆的信息影像化，结合图像来记忆，那就大不一样了。

接下来，我们尝试用理解结合图像的方式来记忆，你只需按照我的要求做，就会有不一样的体验：

1.调动自己的想象力。将每一句古诗都通过理解转化成你熟悉的图像，比如根据"葡萄美酒夜光杯"，你就想到这样的画面：桌子上放着圆溜溜的葡萄、飘着酒香的葡萄酒，以及发着夜光的酒杯。想象自己穿越到了诗人描述的场景当中，是不是瞬间感觉就不一样了？

2.尽量用诗句本身的意思出图。如遇到诗句本身不好出图的，可适当应用抽象出图的方法。

3.按顺序匀速地想象画面。不要管画面是否合理，只要你能想到就可以。

那我们开始吧！

故事参考（某些语句有加工成分）：

诗名	故事
葡萄美酒夜光杯	桌子上放着圆溜溜的葡萄、飘着酒香的葡萄酒，以及发着夜光的酒杯
欲饮琵琶马上催	你一边喝着酒一边弹着琵琶，琵琶欢快的节奏让你想到了骑马在沙场上征战的场景
醉卧沙场君莫笑	和将士们醉倒在沙场上，说着豪言壮语
古来征战几人回	带着谷物征战，有着不打算回来的决心——此句采用了谐音的方式

请你自己试着回想刚刚的画面，边想画面边回忆诗句原文，我相信一定比单纯地理解或者死记硬背效果更好，并且几天后你就会发现，这样记忆的诗句不容易遗忘。这就是图像的力量。

左右脑理论的出现使记忆法有了质的飞跃。人类在记忆探索领域突破了一个又一个的记忆极限，到目前为止纪录还在不断地刷新中。这就是右脑的强大力量。当然，不是说我们以后就全部改用右脑记忆了，而是可以利用图像的方式唤醒我们的右脑，让我们左右脑并用，共同提升我们的记忆效率，就像两条腿走路一样既高效又稳定。那怎么样才能应用图像呢？首先要了解如何将枯燥的资料转化为图像。在记忆学中，我们将图像分为两类，一类是具体的图像（简称为具象），如香蕉、熊猫、小狗等，它们本身就有图像；另一类是抽象的图像（简称为抽象），如信用、调控等，它们本身并无图像。

第二节　具象出图（直接）

所谓具象，就是具体的图像，一般指大脑第一个反应出的图像。例如：提到"苹果"你可能会直接想到一个红彤彤的苹果，提到"猫"你可能会想到一只橘猫。这种不假思索直接产生的具体图像就是具象。

图像可以使我们的记忆过程不再枯燥。如果我们对图像再稍加处理，那么记忆的趣味性就会瞬间提升。下面列举几种常见的图像处理方式：

一、夸张

一条平常的鱼看起来没什么特点，可如果我们把它放大数倍或者增加其数量，那么瞬间就有了刺激我们大脑的画面感。

二、搞笑

让动物们拥有更多的智慧，比如让大象骑摩托车，让猫弹吉他，让兔子调闹钟等，都会让画面诙谐起来。

骑摩托车的大象

弹吉他的猫

调闹钟的兔子

三、动态

动态的图像更容易被大脑记住，我们可以让静态的图像动起来。

四、恶心

恶心的事物总让我们记忆犹新，因此我们可借助大脑的这个特性，将要记忆的资料变得恶心，来提高记忆的持久度。

五、恐惧

"一朝被蛇咬，十年怕井绳"，由此可见恐惧在我们的脑海中印象之深，因此我们也可以将要记忆的事物变得可怕，以此来增强记忆。

第三节　抽象出图（代替）

在生活中，我们要记忆的大部分资料本身都有具体的图像，我们处理起来相对容易，但在工作和学习中，很多资料是抽象的，如客户资料、专业知识等。这些资料要么本身没有图像，要么它的图像我们没有接触过，还是未知的，因此我们没有办法直接出图。我们把这类自己的大脑不能够第一时间出图的资料统称为抽象资料。要想让抽象资料出图，我们就必须借助一些方法和技巧。下面来具体地讲解。

一、关联法

所谓关联法，就是利用与资料相关的、有图像的事情或者物品去代替原资料。比如，中国可以用五星红旗代替，教育可以用书本代替，开心可以用中奖代替等。

例如：

德国→奔驰车　　　巴黎→埃菲尔铁塔

法律→律师　　　　意大利→靴子（意大利的国土形状像一只靴子）

二、谐音法

顾名思义，谐音法就是用同音的、有图像的字词来代替抽象的字词，一般要遵循以下原则：

○代替的字词的发音不需要与原字词完全相同，只要发音接近即可；

○所用的代替字词必须是容易产生图像的字词；

○在找代替字词的时候一定要注意原字词的写法。

例如：

效率→笑（得脸发）绿　　　　史达利→使大力

洛杉矶→落山鸡　　　　　　　阿姆斯特丹→阿母食的蛋

三、增减倒字法

增减倒字法其实是几种方法的总称，它们分别是增加字、减少字和颠倒字序。其原理就是对原来的抽象资料进行增加字、减少字或者颠倒字序的操作，使新的字词可以产生我们熟悉的图像。

例如：

信用→信用卡（增加字）　　　　调控→空调（颠倒字序后谐音）

《猫城记》→猫城（减少字）

四、关键词法

当我们用关联法、谐音法、增减倒字法都无法出图的时候，就需要用到关键词法。所谓关键词法，即不需要全部出图也不需要图与资料字数一致。只要有图，且这个图能让你准确回忆出记忆的资料即可。

例如：

汩汩的溪流→溪流　　　　　　　　李贺→贺卡

良心作证→良心

出图法作为记忆法学习的基础，几乎存在于所有记忆方法之中。它就像地基一样，你掌握得越牢固，后面的学习就会越轻松，你应用得也会越好。因此你必须熟练地掌握这个章节中所有的出图方法。而掌握方法的最好方式就是大量地练习。下面给大家提供一些资料，请你自己尝试用刚刚学到的方法完成以下练习，将图像写在括号内。

（1）人名出图练习

李白（　　　）贺知章（　　　）孟郊（　　　）杜甫（　　　）

王维（　　　）白居易（　　　）贾岛（　　　）

（2）国家出图练习

朝鲜（　　　）乌克兰（　　　）美国（　　　）德国（　　　）

韩国（　　　）菲律宾（　　　）法国（　　　）英国（　　　）

（3）作品出图练习

《说文解字》（　　　）《搜神记》（　　　）《资治通鉴》（　　　）

《昭明文选》（　　　）《木兰诗》（　　　）《世说新语》（　　　）

在出图的时候还需要注意以下要点：

首先，在方法的选择上，优先选择最容易准确还原资料的，建议的优先顺序为：直接出图、增减倒字法出图、关键词出图、谐音出图、关联出图。

其次，在使用谐音出图时一定要注意发音，尤其是第一个字的发音要尽可能保持一致。在做完谐音出图后必须做到能够准确还原资料，如不能还原不建议使用此出图方法。

最后，不要依赖于某种方法，前期一定要多尝试、多练习。

到这里，这一章节的内容就进入尾声了，这也预示着各位已经学完了记忆方法中必须掌握的基础内容。那么如何将此记忆方法应用到学习中呢？不用担心，从下一个章节开始，我们将正式开始记忆方法的入门之旅。不管你是要记忆学习中的字、词、古诗词、文章，还是要记忆生活中的家庭大事，或是要记忆工作中的产品知识、客户资料、工作计划等，我们都将针对不同的资料类型，由浅入深、由易到难，系统地为大家讲解。只要你认真学习、勤于思考、多加练习，不管遇到什么样的资料，你都可以轻松应对，高效记忆。让我们一起满怀期待，进入下一章的学习吧！

第二章　奇思妙想（关联法）

本章重点解决单项选择题或单项填空题等类型材料的记忆，如诗人与别称、国家与首都、作者与代表作等。此类型为一个题目对应一个答案。例如：李白的别称是什么？被称为诗仙的是谁？其中"李白"和"诗仙"互为题目和答案，我们只需要在"李白"和"诗仙"之间建立强联系，就会牢牢记住它。只举一个例子，你可能没有感觉，假如你一天要记忆一百道这种题，你就会感受到本章所述方法的巨大魅力。利用此方法不仅可以准确且快速地记忆信息，而且即使量大也不会混淆！

关联法俗称"做故事的方法"。说到关联法，避不开的就是AB模型。所谓AB模型，就是题目为A、答案为B，在A与B之间建立联系的方法，也称为关联法。我们会从逻辑、奇像、自己做主角、破坏等角度，详细地阐述关联法，同时也会配套大量的案例来帮你学会实际应用。学习方法时，请认真理解每一个环节，做练习时要严格按照要求去完成。边学边练，你不仅能学会关联法，还能够将其熟练地应用到自己的学习、工作、生活之中。

你准备好了吗？

那我们开始吧！

第一节　逻辑关联

做关联的第一步，是分析A与B之间是否有逻辑关系。发现了逻辑关系自然就记住了，就等于完成了记忆。如果A与B之间有逻辑关系，就使用逻辑关联法。如果A与B之间没有逻辑关系，就使用本章第二、三、四节中的方法做关联。

如何判断A与B之间是否有逻辑关系呢？我们可以从顺序、相似、相反、相关、成组等角度去分析。

1.顺序。A与B之间有明显的时间、空间、先后等顺序关系。

例如：上午与下午、大门与院子、砍柴与烧火

你能想到哪些？＿＿＿＿＿＿、＿＿＿＿＿＿、＿＿＿＿＿＿

2.相似。A与B表达的是相似或者相同的意思。

例如：开心与喜悦、悲伤与难过、乌龟与甲鱼

你能想到哪些？＿＿＿＿＿＿、＿＿＿＿＿＿、＿＿＿＿＿＿

3.相反。A与B表达的是对立或相反的意思。

例如：白天与晚上、美丽与丑陋、干净与肮脏

你能想到哪些？＿＿＿＿＿＿、＿＿＿＿＿＿、＿＿＿＿＿＿

4.相关。A与B之间相互关联。

例如：大海与沙滩、蓝天与白云、马路与红绿灯

你能想到哪些？＿＿＿＿＿＿、＿＿＿＿＿＿、＿＿＿＿＿＿

5.成组。我们默认A与B为一对。

例如：老师与学生、猫与老鼠、奥特曼与小怪兽

你能想到哪些？＿＿＿＿＿＿、＿＿＿＿＿＿、＿＿＿＿＿＿

这里要注意，每个人的逻辑能力不同，同一个人在不同年龄段对逻辑的理解也会有变化，所以上面的例子仅供参考，遇到此类记忆信息时以读者朋友们自己的分析判断为准。你觉得符合逻辑就用逻辑关联法，你觉得不符合逻辑就用其他方法，千万不要乱找逻辑，强行拉关系。

第二节　奇像联想

现在，请你回想一件让你难忘的事情。我能肯定的是，这件事情一定调动了你的强烈情绪，并且那个场景会历历在目。多年前某天下午三点喝了一瓶可乐这件事情几乎不会令人终生难忘。因为它非常普通，不能给我们的大脑带来强烈的刺激，所以就很容易忘记。在记忆时，我们如果可以把普通枯

燥的资料转化为形象生动的画面，并调动我们的听觉、嗅觉、味觉、触觉和情感，把资料变成难忘的事情，那么记忆起来就会容易很多。

如果姚明出现在人群中，我相信你第一眼就能看到他；如果鱼市里卖一条长五米，需要四个壮汉才能扛起来的鱼，我相信那条鱼肯定是鱼市里最亮眼的；如果你在上学拥堵的路上，看到你的同学小明骑马从你身边飞驰而过，我相信这件事你能记一辈子；如果你上班期间，你的同事穿着奥特曼的衣服，冲进会议室，对着老板大喊"你相信光吗？"，我相信你一定会对他竖起大拇指……因为姚明足够高，鱼足够大，你的同学或同事足够"奇葩"，所以会给你留下深刻印象！

所谓奇像联想法，就是先用移花接木法将A、B转化为形象生动的图像，再在大脑中给A、B创造出奇特、夸张、搞笑的故事影像，给大脑留下深刻印象，从而获得快速且持久的记忆效果。特别需要注意的是，我们在进行奇像联想时，不用再注重逻辑，也不用再想这个联想是否合理，只需要去关注你想象的画面，只要你觉得好玩、有趣、舒服，就可以记住！

一、大树和玉米

大树上面长出来很多玉米；风吹过来，大树上面掉下来很多玉米。

你的想象：_____

二、衣服和长颈鹿

用衣服套住长颈鹿；用衣服给长颈鹿擦屁股。

你的想象：_____

三、青蛙和书包

青蛙背着书包；青蛙吃掉了书包。

你的想象：_____

四、奶牛和猕猴桃

奶牛拉出来猕猴桃；奶牛挤出猕猴桃。

你的想象：_____

五、风筝和大象

风筝拽飞了大象；风筝压死了大象。

你的想象：_____

第三节　自己做主角

所谓事不关己，高高挂起。我们在做关联联想时，如果把自己融入进去，身临其境地去感受自己想象的画面，同样可以留下深刻的印象。现在请你跟随我的引导来想象：

你站在万丈悬崖的边上，看见下面有一团迷雾，滚石滑落下去，返回阵阵回音。悬崖之间有一座很窄的独木桥，你小心翼翼地在上面行走，狂风吹过，你的身体不由自主地晃动。你走在悬崖的中间向下望去，下方深不见底。突然，你脚一滑掉了下去，山谷之中回荡着"啊！"的声音。扑通一下，你掉进了粪坑之中，浓郁的恶臭袭来，让你忍不住干呕了几下……

如果在刚刚的故事中，你把自己代入进去，那你一定会感受到悬崖之高、狂风之烈、独木桥之险、粪坑之恶臭。如果你没有把自己代入，这些感受就都不明显，甚至你会毫无感觉。所以把自己代入到故事中，是加深记忆的好方法。

你可以在故事中做主角、配角或旁观者。做主角时，整个故事以你为主，你全程参与；做配角时，故事中有其他主角，你只参与故事的一部分；做旁观者时，整个故事都是别人完成的，你作为观众观看全程。你可根据记忆资料灵活设计视角。没有哪个视角绝对好，合适的就是最好的！

一、大树和玉米

你爬上大树去摘玉米；你猛踹大树一脚，掉下来很多玉米。

你的想象：_____

二、衣服和长颈鹿

你把自己的衣服披在长颈鹿的身上；你把自己的衣服塞进长颈鹿的屁股里。

你的想象：_____

三、青蛙和书包

你把一堆青蛙藏在书包里;你模仿青蛙背着书包跳。

你的想象:_____

四、奶牛和猕猴桃

你骑着奶牛吃猕猴桃;你把奶牛摁倒在猕猴桃堆里。

你的想象:_____

五、风筝和大象

你把风筝拴在大象的脖子上;你用风筝拍打大象的屁股。

你的想象:_____

第四节　破坏法

我们的大脑天生对动态的画面敏感，电影中精彩纷呈的打斗、天马行空的特效都会给我们留下深刻的印象。现在请你跟随我的引导来想象：

两辆急速行驶的汽车，对向相撞，"砰"的一声，车头瞬间被挤压成一张薄片，玻璃变成碎片散落了出去。车身燃起浓烈的大火，滚滚黑烟直冲云霄……

如果在刚刚的想象中你能看到惨烈的车祸现场，听到撞击的声音，闻到烧焦的气味、感受到火的温度，那就代表你完全融入想象之中了。如果画面模糊、感受轻微，可以反复多次地想象，不停地在脑海中增加细节，直到画面清楚、感受强烈，找到这种想象的感觉。

所谓破坏法，就是我们在记忆时，将资料加工成有动作、有形变、有特效的动态画面，像电影一样，那么记忆就会容易很多。

一、大树和玉米

大树倒了，压倒了一大片玉米；大树长出手抽打玉米。

你的想象：_____

二、衣服和长颈鹿

用衣服抽打长颈鹿（的屁股）；用衣服勒住了长颈鹿（的脖子）。

你的想象：_____

三、青蛙和书包

青蛙用舌头击穿了书包；青蛙用舌头卷起了书包。

你的想象：_____

四、奶牛和猕猴桃

奶牛撞坏了猕猴桃；奶牛踩坏了猕猴桃。

你的想象：_____

五、风筝和大象

风筝撞到大象的头；风筝插进了大象的身体。

你的想象：_____

第五节　关联实例

　　关联法就是在A与B之间建立联系的方法。我们从逻辑、奇像、自己做主角、破坏等角度，详细阐述了做关联的方法。看到资料，首先分析是否具有逻辑关系，一旦发现逻辑关系，记忆就完成了。这里注意，一定是你觉得符合逻辑，才用逻辑关联法，你觉得不符合逻辑就用其他方法，以自己的判断为主，千万不要乱找逻辑，强行拉关系。如果资料之间没有逻辑关系，就用奇像、自己做主角、破坏法中的任意一种方法或结合使用多种方法进行影像化联想。这里注意，图像要清晰完整，故事要简单流畅，相信自己第一直觉联想出来的画面，不要联想得太复杂，以免影响记忆的速度。

　　本节以事物、别称、常识等知识点为例进行实战。请大家认真地做练习，通过练习来检查自己对方法的掌握情况。如果只记忆一遍，就可以记住书中大部分例子，那么代表你基本掌握方法了。如果记忆一遍后，大部分内容都想不起来，也不要灰心，请自己总结具体是在哪里出了问题，参考例子下面的提示，不断调整，直到可以准确记忆为止。

　　掌握方法的同时，也要学会举一反三、触类旁通，以能够做到自主记忆此类型的所有学习资料为目标。那我们开始训练吧！

一、事物

（1）铅笔——电话

你的想象：＿＿＿＿＿＿＿＿＿＿＿＿＿＿＿＿＿＿＿＿＿＿＿＿＿

提示：我们可以想象铅笔正在打电话；铅笔插进了电话里。

（2）苹果——汽车

你的想象：＿＿＿＿＿＿＿＿＿＿＿＿＿＿＿＿＿＿＿＿＿＿＿＿＿

提示：我们可以想象从天而降的巨大苹果砸扁了汽车；苹果在开汽车。

（3）老虎——椅子

你的想象：＿＿＿＿＿＿＿＿＿＿＿＿＿＿＿＿＿＿＿＿＿＿＿＿＿

提示：我们可以想象老虎一巴掌拍烂了椅子；老虎躺在椅子上面。

（4）砖头——牛奶

你的想象：＿＿＿＿＿＿＿＿＿＿＿＿＿＿＿＿＿＿＿＿＿＿＿＿＿

提示：我们可以想象砖头泡在牛奶里面；从砖头中挤出牛奶。

（5）手表——老鼠

你的想象：＿＿＿＿＿＿＿＿＿＿＿＿＿＿＿＿＿＿＿＿＿＿＿＿＿

提示：我们可以想象把手表套在老鼠身上；从手表里窜出一只老鼠。

二、诗人与别称

（1）李白——诗仙

你的想象：＿＿＿＿＿＿＿＿＿＿＿＿＿＿＿＿＿＿＿＿＿＿＿＿＿

提示：我用立白洗衣粉（李白）给一位神仙（诗仙）洗衣服。

（2）杜甫——诗圣

你的想象：＿＿＿＿＿＿＿＿＿＿＿＿＿＿＿＿＿＿＿＿＿＿＿＿＿

提示：豆腐（杜甫）被我们吃剩（诗圣）下了。

（3）李贺——诗鬼

你的想象：＿＿＿＿＿＿＿＿＿＿＿＿＿＿＿＿＿＿＿＿＿＿＿＿＿

提示：礼盒（李贺）里藏着一个小淘气鬼（诗鬼）。

（4）白居易——诗魔

你的想象：_____

提示：白色的巨大蚂蚁（白居易）在变魔术（诗魔）。

（5）苏轼——诗神

你的想象：_____

提示：我的每一份试卷（苏轼）都是满分，别人都叫我学神（诗神）。

（6）王维——诗佛

你的想象：_____

提示：我把围巾（王维）围在佛像（诗佛）上。

（7）贺知章——诗狂

你的想象：_____

提示：我把纸张（贺知章）揉成团，发狂了（诗狂）。

（8）陈子昂——诗骨

你的想象：_____

提示：一个孩子昂起头（陈子昂），结果脖子骨折了（诗骨）。

（9）孟郊——诗囚

你的想象：_____

提示：我在梦中去郊外（孟郊），被别人囚禁了（诗囚）。

（10）贾岛——诗奴

你的想象：_____

提示：我在假岛（贾岛）上面养了很多奴隶（诗奴）。

三、古书名著常识

（1）编年体——《春秋》

你的想象：_____

提示：一年（编年体）经历一个春秋（《春秋》）。

（2）纪传体——《史记》

你的想象：_____

提示：一只鸡在旋转（纪传体）中撞到一位司机（《史记》）。

（3）断代史——《汉书》

你的想象：_____

提示：我拎着一个断了的袋子（断代史）累出了一身汗（《汉书》）。

（4）语录体——《论语》

你的想象：_____

提示：语录体和《论语》，都有一个"语"字。

（5）诗歌总集——《诗经》

你的想象：_____

提示：诗歌总集收集的都是诗。

（6）兵书——《孙子兵法》

你的想象：_____

提示：《孙子兵法》，地球人都知道。

（7）百科全书——《永乐大典》

你的想象：_____

提示：我百科（百科全书）都懂，就永远快乐了（《永乐大典》）。

（8）字典——《说文解字》

你的想象：_____

提示：字典就是解读汉字的（《说文解字》）。

（9）词典——《尔雅》

你的想象：_____

提示：如果你词汇量（词典）丰富，你一定会温文尔雅（《尔雅》）。

（10）文选——《昭明文选》

你的想象：_____

提示：一只蚊子（文选）的眼睛可以照明（《昭明文选》）。

（11）志怪小说——《搜神记》

你的想象：＿＿＿＿＿＿＿＿＿＿＿＿＿＿＿＿＿＿＿＿＿＿

提示：一个很有志气的怪物（志怪小说），居然敢去搜索神仙（《搜神记》）。

（12）志人小说——《世说新语》

你的想象：＿＿＿＿＿＿＿＿＿＿＿＿＿＿＿＿＿＿＿＿＿＿

提示：一个很有志气的人（志人小说），出世就在说新的语言（《世说新语》）。

第三章　珠联璧合（串联法）

串联法是关联法的延伸。关联法是A与B两者之间建立强联系，串联法是在A、B、C、D、E、F、G……多个事物之间建立强联系，就是将要记的事物一环扣一环地联系起来。运用串联法时要注意事物的顺序，同时也要在脑海中"看"到故事的情节。串联法分为直接串联法、故事串联法和混合串联法。

串联法可以应用到古诗文、现代文、多项选择题、多项填空题以及简答题等类型资料的记忆中。此方法简单易学、见效快，并且应用范围广，大部分资料都可以用串联法记忆，是初学者最喜欢的记忆方法之一。

第一节　直接串联

直接串联法又叫锁链记忆法，它将我们要记忆的资料像锁链一样串联起来，环环相扣。假如我们要记忆的信息是A、B、C、D、E、F、G，直接串联就是A与B做关联联想，B与C做关联联想，C与D做关联联想，D与E做关联联想，E与F做关联联想，F与G做关联联想。应用直接串联法时，每次联想只有两个内容，记忆A与B时，不用考虑C、D、E等其他内容，记忆压力小，故事之间互不影响，但又环环相扣、互为线索，能够达到快速、准确的记忆效果。

一个直接串联法等于多个关联联想法。记忆时除了要求联想出的图像清晰完整、动作流畅自然，还要注意记忆的顺序。那么如何确保顺序不会颠倒呢？关联联想每次都只有两个内容，前面的资料称为资料①，后面的资料称为资料②。例如：对A、B做关联联想，A就是资料①，B就是资料②；对B、C做关联联想，B就是资料①，C就是资料②。为了保证顺序不会混淆，通常我们会让资料①在前发出动作，资料②在后承受动作。例如：衣服——长颈鹿，联想就是用衣服抽打长颈鹿；长颈鹿——衣服，联想就是长颈鹿撕碎了衣服。这样通过动作的先后顺序，就能区分资料的先后顺序了。

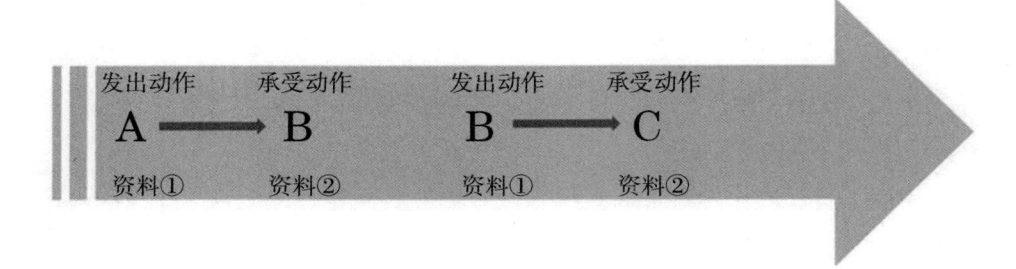

```
发出动作    承受动作    发出动作    承受动作
  A     →    B          B     →    C
资料①       资料②      资料①       资料②
```

直接串联法的要求非常简单，只要图像清晰完整、动作简洁流畅、顺序先后明确，就一定能做到一遍准确记住，并且可以实现正背、倒背！接下来我们通过实例来练习。

记忆以下词语：

| 男孩 | 钢琴 | 报纸 | 烤鸭 | 白兔 | 刀片 | 黑板 |蜜蜂 | 草莓 | 枕头 |

我们可以想象：

<u>男孩</u>在弹<u>钢琴</u>。<u>钢琴</u>压着<u>报纸</u>，<u>报纸</u>包着<u>烤鸭</u>。我把<u>烤鸭</u>喂给<u>白兔</u>。<u>白兔</u>嘴里含着<u>刀片</u>，我用<u>刀片</u>划坏了<u>黑板</u>。我用<u>黑板</u>驱赶<u>蜜蜂</u>。<u>蜜蜂</u>蛰<u>草莓</u>，<u>草莓</u>被塞进<u>枕头</u>里。

怎么样？我相信通过一次联想，你就可以全部准确无误地记忆下来！接下来，让我们趁热打铁！请用直接串联法独立完成下面的练习。

一、荔枝→猴子

| 荔枝 | 作家 | 尺子 | 水牛 | 摩托车 | 垃圾 | 大堂 | 橙子 | 棒棒糖 | 猴子 |

你的想象：_____

提示：我把荔枝喂给作家。作家折断了尺子，用尺子抽打水牛的屁股。水牛骑着摩托车，摩托车撞到了垃圾。垃圾丢到了大堂里。大堂前面堆满了橙子，剥开橙子里面是棒棒糖，把棒棒糖喂给猴子吃。

二、蜗牛→尿布

| 蜗牛 | 帐篷 | 跑车 | 奶茶 | 靴子 | 建筑师 | 种子 | 手机 | 芒果 | 尿布 |

你的想象：_____

提示：蜗牛爬上了帐篷。帐篷里冲出一辆跑车，跑车撞飞了奶茶，奶茶倒进了靴子。用靴子砸建筑师。建筑师播撒种子，种子长出来手机。手机塞进芒果里，芒果抹在尿布上。

三、地球仪→航空母舰

| 地球仪 | 打火机 | 辣椒 | 茶叶 | 冰箱 | 牧师 | 黑猪 | 蝎子 | 工人 | 航空母舰 |

你的想象：_____

提示：地球仪里面藏着打火机。打火机点燃辣椒。辣椒丢进茶叶里，茶叶放进冰箱。打开冰箱发现了牧师。牧师骑着黑猪，黑猪踩爆了蝎子，蝎子咬伤了工人，工人坐上了航空母舰。

第二节　故事串联

故事串联法又叫糖葫芦串联法，是用连续的故事将我们要记忆的资料串联起来。例如：我们要记忆的信息是A、B、C、D、E、F、G，故事串联就是用一条主线（相当于糖葫芦的签子）把A、B、C、D、E、F、G（相当于山楂）像串糖葫芦一样串在一起，从而达到快速、准确的记忆效果。

故事串联法会更多地激发我们的创造力，限制较少，可以让我们自由地想象。主角可以是自己，也可以是资料本身；故事可以有头有尾，也可以是小短片；情节可以是浪漫主义，也可以是现实主义。但是对于初学者来说，一般建议一个故事控制在五个内容以内，避免遗漏。如果资料内容较多，我们建议用三到五个故事搞定。

使用故事串联法时一定要特别注意：一个故事的影像要简洁流畅，保证其连续性；故事与故事之间做好准确衔接，确保没有遗漏。接下来我们通过实例来感受一下。

记忆以下资料：

| 男孩 | 钢琴 | 报纸 | 烤鸭 | 白兔 | 刀片 | 黑板 | 蜜蜂 | 草莓 | 枕头 |

我们可以想象：

男孩一边弹着钢琴，一边取出报纸里包着的烤鸭，把烤鸭喂给了白兔。白兔用刀片在黑板上划来划去。从黑板里飞出来很多蜜蜂，蜜蜂把草莓塞进枕头里。

怎么样？我相信通过一次联想，你就可以全部准确无误地记忆下来！接下来，让我们趁热打铁！请用故事串联法独立完成下面的练习。

一、荔枝→猴子

| 荔枝 | 作家 | 尺子 | 水牛 | 摩托车 | 垃圾 | 大堂 | 橙子 | 棒棒糖 | 猴子 |

你的想象：_____

提示：正在吃<u>荔枝</u>的<u>作家</u>，用<u>尺子</u>抽打着<u>水牛</u>，然后他骑着<u>摩托车</u>把<u>垃圾</u>丢进了<u>大堂</u>里。我在大堂里用<u>橙子</u>和<u>棒棒糖</u>逗<u>猴子</u>玩。

二、蜗牛→尿布

| 蜗牛 | 帐篷 | 跑车 | 奶茶 | 靴子 | 建筑师 | 种子 | 手机 | 芒果 | 尿布 |

你的想象：_____

提示：<u>蜗牛</u>从<u>帐篷</u>里开出一辆<u>跑车</u>。蜗牛在跑车里喝着<u>奶茶</u>并吐到了<u>靴子</u>里面。我把靴子送给了<u>建筑师</u>。建筑师用<u>种子</u>种出了<u>手机</u>，把手机卖掉换了<u>芒果</u>，然后把芒果藏在<u>尿布</u>里。

三、地球仪→航空母舰

| 地球仪 | 打火机 | 辣椒 | 茶叶 | 冰箱 | 牧师 | 黑猪 | 蝎子 | 工人 | 航空母舰 |

你的想象：_____

提示：我从地球仪里取出打火机，用打火机烤辣椒吃。太辣了，想用茶叶去泡茶，打开冰箱找茶叶，发现冰箱里有一位牧师。牧师骑着黑猪抓蝎子，蝎子假扮成工人坐着航空母舰跑了。

第三节　混合串联

直接串联法的优点是两两关联，记忆比较牢固，不会遗漏；缺点是比较机械化，灵活性不够，一次联想只有两个内容。故事串联法的优势是比较灵活，创造性较高，一次可以联想三到五个内容；缺点是联系不一定紧密，容易遗漏信息。两种方法各有利弊。

混合串联法是记忆高手常用的方法之一，它将直接串联与故事串联两种方法结合在一起使用，汲取其中的优势，避开各自的劣势，效率更高。当遇到不容易编故事的信息时，采用两两关联，加深紧密性；当遇到特别容易编故事的信息时，不再死板地两两关联，而是串成一个故事。我们在记忆时根据信息的特点随机应变，既能保证记忆的准确度，又能保证记忆的速度。

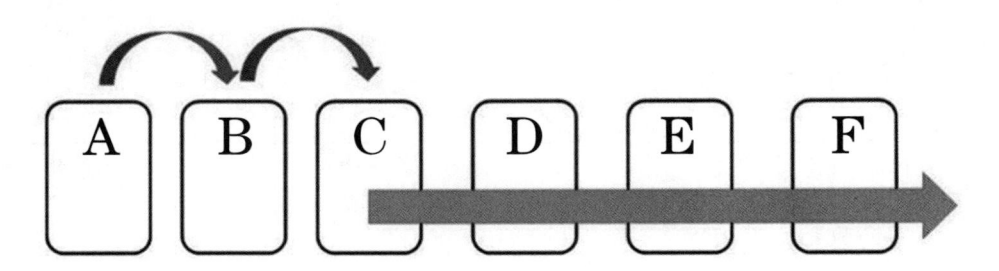

使用混合串联法时，一定要特别注意以下三点：
○将每个资料都转化为形象生动的图像是根本；
○快速流畅的影像联想是王道。联想时少用或不用方位词，不要自己增加名词，少用"变""像"这样的联想，同一行为动作不要重复太多次；
○无论是直接串联还是故事串联，都要保证动作和情节的先后顺序，确保顺序准确。

做到以上三点，就能保证记忆的准确性，就能通过一到两次联想，实现按顺序准确无误地背诵出记忆内容来。

准确度训练出来之后，我们还要在实战应用中不断地提升出图的精准度、联想的简洁度，从而在保证准确度的前提下，提升自己的记忆速度。记忆是一种能力，只有大量地练习，才能真正地掌握。站在岸上学不会游泳，让我们开始训练吧！

一、具象词

（1）男孩→轻松快乐

男孩	钢琴	草地	大象	篮球	长颈鹿	迷宫	汽车	大树	西瓜
石拱桥	白雪公主	垃圾桶	人民币	奖学金	学霸	机器人	书包	"超级记忆"	

你的想象：_____

_____

提示：男孩在弹钢琴。把钢琴摔到草地上，草地里钻出来一头大象。大象把篮球砸到长颈鹿头上。长颈鹿在迷宫里开汽车，汽车撞到了大树，大树上掉下西瓜，西瓜砸断了石拱桥。石拱桥上面站着一位白雪公主，白雪公主抱着垃圾桶，垃圾桶里塞满了人民币奖学金，奖学金奖励给学霸。学霸发明了机器人替他背书包，书包里装着一本《超级记忆》，学会后就轻松快乐了。

（2）假山→将军

| 假山 | 猴子 | 耳环 | 直升机 | 树根 | 饭锅 | 小桥 | 皇后 | 指甲 | 蜻蜓 |
| 花生 | 法庭 | 天使 | 狼狗 | 羽毛 | 马车 | 可乐 | 闪电 | 毛毛虫 | 将军 |

你的想象：_____

提示：假山上面有一群猴子，猴子用耳环击落了直升机。直升机撞到了树根，树根裂开里面居然有个饭锅。我抱着饭锅跑到小桥上送给皇后。皇后用指甲掐死了蜻蜓。蜻蜓把花生搬到了法庭，法庭里天使在审判狼狗，狼狗把羽毛装进了马车。马车轮子压爆了一瓶可乐，可乐发出了一道闪电，闪电击中了毛毛虫，毛毛虫咬死了将军。

二、混合词

（1）黑猩猩→肉丸

| 黑猩猩 | 文化 | 碎纸机 | 电表箱 | 肤浅 | 面包机 | 麻雀 | 苍蝇 | 电炉 | 冒充 |
| 刺猬 | 罪犯 | 温和 | 变色龙 | 鲤鱼 | 臭虫 | 熊猴 | 烘干机 | 亚洲象 | 肉丸 |

你的想象：_____

提示：黑猩猩在学习文化，突然拿起碎纸机切碎了电表箱，这时它意识到自己有点肤浅，于是用面包机烤麻雀。麻雀捕食苍蝇，苍蝇躲到电炉里冒充刺猬。刺猬追赶一个罪犯，罪犯十分温和，他骑着变色龙抓鲤鱼。鲤鱼嘴里吐出来一只臭虫，臭虫放屁一下嗬晕了熊猴。熊猴用烘干机给亚洲象烤肉丸。

（2）茄子→效率

| 茄子 | 学会 | 高尔夫 | 银莲花 | 藿香 | 金鱼 | 葵花 | 发脾气 | 托福 | 争吵 |
| 洋葱 | 油条 | 机关枪 | 玉米 | 大西洋 | 尴尬 | 豪猪 | 马铃薯 | 总统 | 效率 |

你的想象：_____

提示：我吃了茄子就学会了打高尔夫。高尔夫的球击中了银莲花。银莲花里提取了藿香正气水，把藿香正气水喂给了金鱼。金鱼拿着葵花发脾气，嫌弃自己没有考过托福。托福听力里有一段争吵是说洋葱和油条是否可以一起吃。我用油条堵住了机关枪的枪口，机关枪把玉米都打到大西洋里。大西洋里有一只尴尬的豪猪在吃马铃薯，吃完之后做事比总统的效率还高。

三、作品

（1）贺敬之作品

《白毛女》	《中国的十月》	《回延安》	《西去列车的窗口》
《放声歌唱》	《雷锋之歌》	《八一之歌》	

你的想象：

提示：把贺敬之想象成镜子。镜子里跑出来一位全身长满白毛的女人，她在中国的十月想要回延安，坐在西去列车的窗口上放声歌唱，唱的是雷锋之歌和八一之歌。

（2）老舍作品

《骆驼祥子》	《二马》	《赶集》	《猫城记》	《一块猪肝》	《小坡的生日》
《"火"车》	《离婚》	《老字号》	《茶馆》	《四世同堂》	《全家福》

你的想象：_____

_____

_____

提示：把老舍想象成老旧的屋舍。老旧的屋舍里住着一匹叫祥子的骆驼。祥子和两匹马是朋友，它们一起去赶集，来到猫城，买了一块猪肝给小坡过生日，结果小坡要坐火车去离婚，和他的媳妇去了一家老字号的茶馆，看见祖孙四代在拍全家福，他们又和好了。

四、古诗

古诗本身具备一定的逻辑性，且大部分古诗的画面感很强，串联法记忆古诗其实比记忆混合词难度更低，我们只需要理解古诗的全文意思，把题目、作者、句子拆分成词语，再用移花接木法将拆分好的词语转化为形象的图像，然后进行串联联想即可。接下来我们开始实战！

（1）唐朝孟浩然的《秋登兰山寄张五（节选）》

　　　　北山白云里，隐者自怡悦。

　　　　相望试登高，心随雁飞灭。

拆分：秋登兰山、寄张五、孟浩然、北山、白云里、隐者、自怡悦、相望、试登高、心随、雁飞灭

你的想象：_____

_____

_____

提示：我在秋天登上兰山，思念张五。张五把耗子点燃，耗子跑到北山的白云里面。白云里藏着一位隐者，隐者自己感到非常怡悦。他望着对面的山，想要尝试登高，他的心随着大雁飞走了。

（2）唐朝丘为的《寻西山隐者不遇（节选）》

绝顶一茅茨，直上三十里。

扣关无僮仆，窥室唯案几。

拆分：寻西山隐者、不遇、丘为、绝顶、一茅茨、直上、三十里、扣关、无僮仆、窥室、唯案几

你的想象：_____

_____

_____

提示：我寻找西山的隐者没有遇到。在山丘上胡作非为，爬到了绝顶之上，看见一座茅茨。这座茅茨直向上三十里，我去扣关，没有童仆应答，窥视室内发现只有案几。

第四章　奇幻变装（编码法）

在我们的生活中，除文字资料外还有很多抽象的内容需要记忆，如数字、字母、图形、符号等。它们本身并没有图像，因此我们一般会借助编码法，将这些抽象难记的内容通过联想转化成大脑容易理解的关系或者画面，用来辅助记忆。常用的编码有数字编码、字母编码、图形编码、符号编码等。简单来讲，所谓编码就是将抽象内容转化为图像的过程。

那怎么进行编码呢？一般情况下会根据资料的音、形、义将原本无意义的内容转化为图像。例如：由"88"想到"爸爸"，"70"想到"麒麟"，这就是利用读音进行编码，我们称之为谐音法；由"o"想到"橙子"，"x"想到"剪刀"，这是利用外形进行编码，我们称之为象形法；由"007"想到"情报员"，"61"想到"儿童节"，这是利用特殊含义进行编码，我们称之为定义法。这是常用的三种编码方法。

在实际应用中我们还会用到一种编码思想，那就是编码套用。所谓编码套用，就是把一套熟悉的编码应用在多种类型资料的记忆中。比如，二进制数字可以转化成十进制数字，那么记忆二进制数字时直接用十进制数字编码即可，就不用重新创造一套二进制编码了。再如，我们也可以将颜色用十进制数字代替，这样就可以直接使用数字编码记忆颜色了。因此，在编码时我们可以先看能不能进行编码套用，如果能，我们就不需要再花费时间去创造新编码了，可以直接应用。

第一节　数字编码

一、编码的定义

阿拉伯数字是0~9的组合，我们在记忆数字类资料时，通常会对数字进行编码，把数字转化为固定的影像，最终得到一套适合自己的编码系统，我们称之为数字编码。常见的数字编码有单个数字编码、两位数字编码、三位数字编码等。我们重点讲解单个数字编码和两位数字编码。

二、编码的规则

单个数字编码一共10个，常用象形法编码。例如：1象形为"棍子"，2象形为"鹅"，3象形为"耳朵"……

两位数编码一共100个，即01~99加上00，常用谐音法或象形法进行编码。例如：13谐音为"雨伞"，84谐音为"巴士"，25谐音为"二胡"。建议初学者尽可能使用谐音的方式进行编码，数字读音与图像发音一致或者接近，有助于大家尽快地熟悉编码。下面给大家举几个例子，大家可以参考例子进行编码。

数字	编码	动作	感觉
02	鹅	用嘴巴拧	恐惧、痛
12	婴儿	爬来爬去	开心、可爱
25	二胡	用琴弦拉	美妙、动听
53	火山	火山喷发	震撼、刺激
64	牛屎	粘牛屎	恶心

编码时，图像与数字对应是最基础的要求，如果可以将图像活化为有动作的、有色彩的、有感觉的动态图像，那么你的印象会更加深刻。就好比电影比图画书更容易被你记住。

数字编码表（参考）

01	衣	21	鳄鱼	41	石椅	61	六一	81	白蚁
02	鹅	22	鹅儿	42	死鹅	62	牛耳	82	靶儿
03	山	23	和尚	43	石山	63	硫酸	83	花生
04	尸	24	恶狮	44	石狮	64	牛屎	84	巴士
05	舞	25	二胡	45	食物	65	绿屋	85	白虎
06	牛	26	河流	46	饲料	66	溜溜	86	八路
07	漆	27	耳机	47	司机	67	楼梯	87	白棋
08	耙	28	恶霸	48	丝帕	68	牛排	88	爸爸
09	酒	29	二舅	49	死囚	69	牛角	89	排球
10	石	30	山林	50	武林	70	麒麟	90	旧铃
11	雨衣	31	鲨鱼	51	舞衣	71	鲸鱼	91	球衣
12	婴儿	32	沙鸥	52	斧儿	72	企鹅	92	球儿
13	雨伞	33	闪闪	53	火山	73	纸扇	93	救生
14	鱼市	34	沙子	54	武士	74	骑士	94	酒师
15	鹦鹉	35	珊瑚	55	火车	75	骑虎	95	酒壶
16	衣纽	36	山鹿	56	蜗牛	76	骑牛	96	酒楼
17	玉器	37	山鸡	57	武器	77	机器	97	酒席
18	一巴	38	三八	58	尾巴	78	西瓜	98	球拍
19	一脚	39	三角	59	五角	79	气球	99	双锤
20	恶灵	40	司令	60	榴梿	80	巴黎	00	望远镜

  这些数字编码，大部分是谐音，我们结合了各地的语言特色进行编写。部分读者可能会觉得个别谐音有些奇怪，这是正常的。你可以理解为用相似的谐音代替了，比如23编为"和尚"，26编为"河流"等。还有个别的编码用了象形的方式，比如99像"双锤"，00像"望远镜"。对于这种极个别的编码，我们就需要多次复习将其牢记。当然，这套编码仅供参考，大家可以

根据下面的编码规则进行灵活调整，创造适合自己的编码，形成专属自己的数字编码系统。

编码时我们应遵循以下要点：

〇编码图像不能重复，即每一组数字对应唯一的图像；

〇确定编码图像后，不可随意更改；

〇尽可能用熟悉的动态图像；

〇固定一个动作，将其牢记；

〇尽可能多地调动自身的感官去感受编码，加深印象。

三、编码的记忆

当你完成数字编码系统后，下一步就是快速地将这些编码熟练地记忆。熟练到什么程度呢？如果对记忆时间要求不高，我们做到1秒钟能够反应出清晰的编码图像就可以；如果要进行高速记忆，比如参加记忆比赛，那么你的编码熟练程度必须达到条件反射级别才可以，即将编码反应变成你的一种本能反应。下面给大家讲解一下快速记忆数字编码的方法。

利用碎片化时间分组记忆是我强烈推荐的方式之一。如果你想要一次性记住100个编码，那几乎是不可能的。由于记忆量比较大，你会感到非常难，容易产生畏难的情绪。我们都喜欢做简单的、容易取得成功的事情。因此，我们要避开这种心理，可以采取"记少少、常记记"的策略，将数字编码分为5组，每组20个，每次只记忆20个，这样就容易很多。建议利用闲暇时间反复多次地记忆。比如，你早晨起来上厕所的时候，利用10分钟左右就能记住20个编码；坐车去上班或上学的时候，又可以记住20个；吃过午饭闲暇之余再记20个……利用自己的碎片化时间很快就可以将这100个数字编码记得滚瓜烂熟。

除了利用碎片化的时间，我们还可以借助卡片来进行记忆，这种卡片我们称之为编码卡。下面给大家讲解一下如何制作编码卡。

〇准备50张双面空白的卡片；

〇在卡片正面左上角依次写上01~50这50个数字，这时50张卡片刚好写完；

○ 将刚写好的卡片顺序进行随机打乱，注意不要翻转卡片；

○ 在卡片的背面左上角依次写上数字51~99以及00，这时你就得到了一副完整的编码卡。

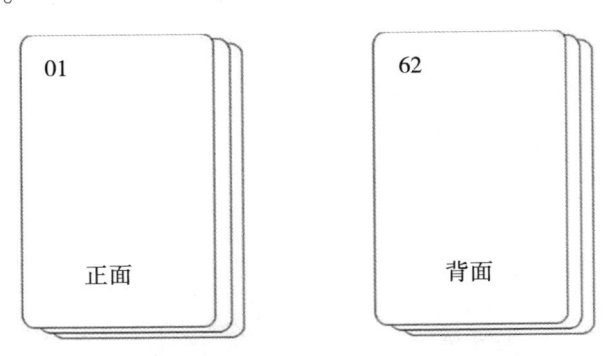

```
    01              62


   正面             背面
```

那么，这些编码卡怎么使用呢？一共分为三步：

第一步，将编码卡打乱顺序，然后左手拿卡进行匀速推卡训练，每推一张，反应一下编码图像。例如：第一张是02，你就想到"鹅，动作是用嘴巴拧"；第二张是19，你就想到"一脚，动作是踹"。以此类推，将正面的训练完，再将卡片整体翻转，继续完成背面编码的记忆训练。

第二步，如果遇到反应不出来编码图像的数字就暂时放弃，把这张卡片单独抽出来放在一旁，继续你的训练，直到整副卡片都反应完成；这时再回过头来对刚才没反应过来的编码进行编码表对照记忆。对照结束后对这些不熟悉的编码进行单独的推卡反应训练，直到全部记熟，再将它们重新放回到整体卡片中，继续进行整体的推卡反应训练，直到达到你想要的效果为止。

第三步，每次进行推卡训练之前，先对照编码表对编码进行深刻的感受，这有助于提升你对编码的感受度，感受度越好，后续编码使用得也就越好。

四、编码的应用

数字编码的应用是非常广泛的，竞技领域的随机数字、二进制数字、扑克牌、抽象图形等多个项目都能用到数字编码。在我们的学习、工作、生活中，数字编码可以帮助我们记忆一些数据类型的资料，如电话号码、日期时间、编号、历史事件等与数字有关或者与顺序相关的信息。《道德与法治》中的知识点也可以运用数字编码来记忆,将数字编码与记忆资料的关键词做联系。下面我们进行一些简单的记忆训练。

例如:

(1) 人格尊严权

人格尊严权包含肖像权、名誉权、荣誉权、姓名权和隐私权。

数字	编码	资料	联想
01	衣	肖像权	衣服上画着我的肖像
02	鹅	名誉权	这只鹅非常有名
03	山	荣誉权	爬山得了第一名,获得一份荣誉
04	尸	姓名权	这只僵尸有它自己的姓名
05	舞	隐私权	跳舞的时候不小心暴露了隐私

(2) 我国公民的政治权利

我国公民享有广泛的政治权利,选举权和被选举权是公民最基本的政治权利;公民有依法行使言论、出版、结社、集会、游行、示威等政治权利;依法享有批评、建议、申诉、控告、检举等监督权。

数字	编码	资料	联想
06	牛	选举权	一群牛要在其中选举出头领
07	漆	被选举权	
08	耙	言论权	
09	酒	出版权	
10	石	结社权	
11	雨衣	集会权	
12	婴儿	游行权	
13	雨伞	示威权	
14	鱼市	批评权	

续表

数字	编码	资料	联想
15	鹦鹉	建议权	
16	衣纽	申述权	
17	玉器	控告权	
18	一巴	检举权	

未补充完整的部分，请你自己试一试吧！

第二节 字母编码

一、编码的定义

我们在生活中，除了要记忆文字、数字类内容，也常常会遇到一些字母类内容需要记忆。字母本身是抽象的，而且重复出现的概率也很大，为了提高记忆的效率，我们常常采用字母编码的方式来进行记忆。字母编码常指英语的26个字母或者26个字母所组成的组合编码。字母编码是一种用自己生活中熟悉的物品的图像代替单个字母或者多个字母组合的编码方式。通常情况下，单个字母只有一种图像，而一个字母组合可以有多个图像，但是一个图像决不能对应多个字母组合。

二、编码的规则

字母编码分为单字母编码和多字母编码。一般情况下，单字母编码是利用熟悉的单词词义或字母发音的谐音进行编码。例如：由"a"想到单词apple（苹果），那么图像就是我们熟悉的苹果；由"b"想到boy（男孩）。以此类推，一共26个字母编码。

a	apple（苹果）	j	jet（喷射机）	s	snake（蛇）
b	boy（男孩）	k	king（国王）	t	tree（树）
c	cat（猫）	l	lion（狮子）	u	umbrella（雨伞）
d	dog（狗）	m	Mickey（米奇）	v	violin（小提琴）
e	elephant（大象）	n	nose（鼻子）	w	water（水）
f	fish（鱼）	o	orange（橙子）	x	X'mas（圣诞节）
g	girl（女孩）	p	pig（猪）	y	yoyo（悠悠球）
h	horse（马）	q	queen（女王）	z	zoo（动物园）
i	ice cream（冰激凌）	r	rice（米饭）		

多字母编码常用谐音、拼音和象形的方式编码。例如："tion"谐音编码为"神"，"ing"谐音编码为"鹰"；"ba"拼音编码为"爸爸"，"ni"拼音编码为"尼姑"；"llo"象形为数字"110"。这类编码统称为自制编码，即可以根据自己的理解灵活地对字母组合进行编码。编码时注意以下要点：

〇可以按照自己的方式编码，但要有统一的编码规则，不能想什么是什么；

〇要形成自己的编码逻辑，建立编码系统；

〇尽量不要有重复的编码；

〇编码时，一个字母组合可以有多个图像，但是一个图像只能对应一个字母组合。

〇编码是为联想服务的。

下面给大家附上常用的编码表，供大家参照。

英语字母组合自制编码（参考）

（一）拼音编码

ba	爸	ge	歌（星）	pa	（牛）扒
bi	婢（女）	gu	姑	pi	皮（鞋）

续表

bo	玻（璃）	ha	蛤（蟆）	po	婆（老太婆）
bu	布	he	河	pu	葡（萄）
ca	擦	hu	虎	re	热
ce	厕（所）	la	拉	ri	日（太阳）
ci	刺	le	乐（快乐的人）	ru	褥（子）
cu	醋	li	（狐）狸	sa	（菩）萨
da	打	lu	鹿	se	色（颜色）
de	的士	ma	马	si	寺
di	（皇）帝	mi	米	su	塑（像）
du	肚	mo	模（特儿）	ta	踏
fa	发	mu	母（亲）	te	特（务）
fo	佛	na	拿	ti	梯
fu	符	ni	尼（姑）	tu	兔
ga	咖（喱）	nu	奴（隶）	wa	娃（洋娃娃）

（二）拼音缩略编码

be	杯 bēi	ho	猴 hóu	ro	肉 ròu
co	聪（明人） cōng	lo	楼 lóu	so	松（树） sōng
do	动（物） dòng	me	玫（瑰） méi	to	头 tóu
fe	飞（机） fēi	no	农（夫） nóng	—	—
go	公（鸡） gōng	pe	陪（伴） péi	—	—

（三）英语缩略编码

ne	re（火）	ra	rain（下雨）
	net（网）	wi	wind（风）

（四）拼音首字母编码

br	病人	ry	人妖
gh	桂花	th	桃花

（五）谐音编码

ing	鹰	sition	死神
phy	狒（狒）	tion	神

三、编码的练习

下面我们一起来练习一下自制编码，大家按照规则编码即可。

例如：

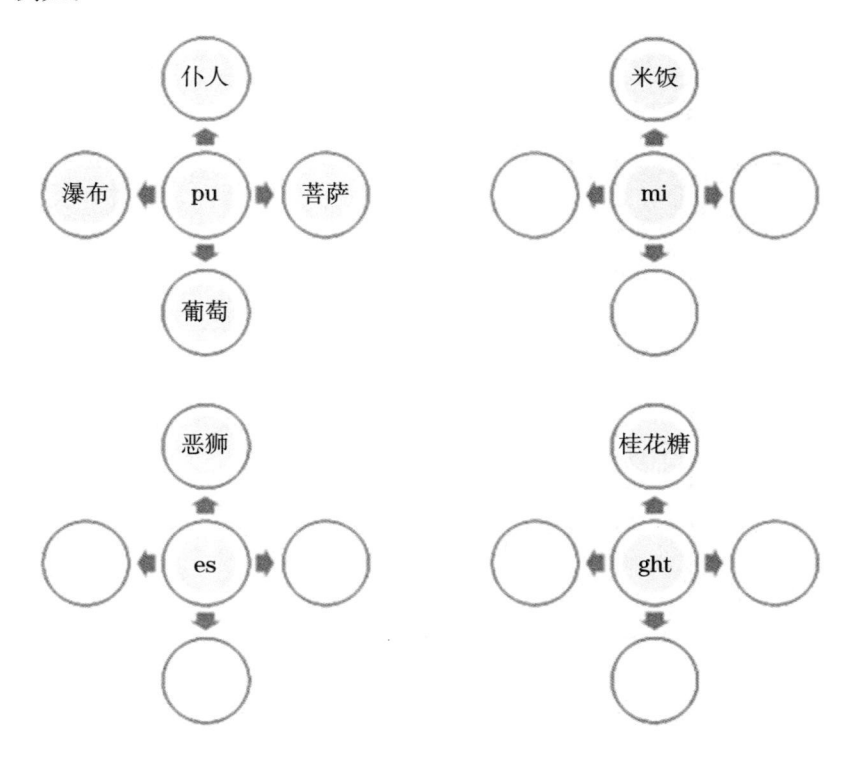

```
        仆人                      米饭
         ↑                        ↑
瀑布 ← pu → 菩萨          ○ ← mi → ○
         ↓                        ↓
        葡萄                       ○


        恶狮                     桂花糖
         ↑                        ↑
  ○ ← es → ○              ○ ← ght → ○
         ↓                        ↓
         ○                        ○
```

学会了自制编码，紧接着就是制订自己的字母编码系统。单字母编码可以直接固定记忆，但多字母编码是没有数量限制的，需要我们按照原则不断

049

地去补充、丰富，具体的数量可根据自己的需求而定。

单字母编码可以借助数字编码一节教给大家的卡片方法辅助记忆；而多字母编码可以制作成编码表，分模块多次记忆。

四、编码的应用

字母编码可以帮助我们记忆字母序号、英语单词、随机字母以及字母标记等。这里以单词为例，做一个简单的讲解。

单词联想记忆（借助单字母编码）：

（1）ant 蚂蚁

拆分：an，一棵；t，树。

联想：一棵树上爬满了蚂蚁。

（2）ink 墨水

拆分：in，在……里面；k，国王。

联想：墨水在国王肚子里。

接下来请你试一下。

（3）ass 驴

拆分：_____

联想：_____

以上只是简单地举例，记忆单词的方法有很多种，后面会给大家详细讲解。由于很多方法大家还没有学习，因此字母编码的优势目前还无法显现出来，大家要做的就是掌握字母编码的方式，尽快形成一套自己的字母编码，为后面的学习打下良好的基础。

第三节　图形编码

一、编码的定义

图形是图形、图标的总称。图形、图标类元素在我们的生活中随处可见，如企业logo、交通标志、车标，以及需要我们记忆的一些特殊形状、纹理等。这类资料各有各的特点，甚至有很多相似点，而且比较繁杂，对于我们来说，要么记不准确，要么容易混淆，因此我们可以借助编码来准确区分和牢固记忆。

二、编码的规则

图形编码一般有两种编码方式。一种是借助图形轮廓、形状、纹理或者图形本身的意义进行编码，这种编码方式被称为象形编码。比如，看到"标志汽车"的车标就容易想到小狮子，看到"宝马汽车"的车标则更容易联想到蓝天白云。另一种是将要编码的内容转化为已有的熟悉的编码。比如，将颜色转化为数字，就可以利用数字编码记忆。在竞技比赛的抽象图形记忆项目中，大部分选手也是将其转化成数字编码进行记忆的，这种编码方式叫编码套用。

三、编码应用

（一）象形编码

在地理考试中，经常会给出一幅省份地图的轮廓图，然后问你是哪个省份，随后展开一系列的问答。如果你对省份判断错误，那么这道题你就很难答对了。针对这类题目，我们可以对各个省份的外形轮廓进行编码，然后记忆。

如今生活条件好了，几乎家家户户都买车，汽车的品牌很多，那么我们该如何区分呢？也可以用图形的编码方式帮助我们记忆。

| 宝骏 | 长安 | 雪佛兰 | 凯迪拉克 |

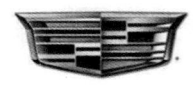

宝骏车标：看起来像一个马头。

长安车标：看起来像剪刀手。

雪佛兰车标：看起来像两个创可贴相交。

凯迪拉克车标：看上去像一个盾牌。

（二）编码套用

编码套用通常情况下是将编码内容直接转化为数字编码。比如二进制数字记忆、二维码记忆、魔方颜色记忆都是将所记内容转化为数字编码再进行记忆的。

白	1
黄	2
绿	3
蓝	4
橙	5
红	6

魔方颜色编码对照表

颜色	数字	编码
白色	1	衣
黄色	2	鹅
绿色	3	山
蓝色	4	尸
橙色	5	舞
红色	6	牛

（仅供参考，每个人的编码方式有所区别）

在竞技比赛的抽象图形项目中，绝大部分选手都会选择应用编码套用将抽象图形转化为数字编码来记。这样做的好处是只需要用数字编码进行关联即可，省去了创造编码的过程，大大提高了训练效率。那具体怎么做呢？非常简单，利用每一个抽象图形的纹理或显著特征直接与数字编码图像关联即可。在关联时，有联系的直接关联，没有联系的创造关联，遇到实在不能关联的就指定。下面给大家举几个例子。

1.直接关联。有些抽象图形的纹理与编码的纹理相似或有其他明显关联。

纹理中有很多类似鸡毛的图案，想到了数字编码"37—山鸡"

纹理中有类似大刀的图案，想到了数字编码"86—八路"

纹理中有像蜗牛壳的图案，想到了数字编码"56—蜗牛"

纹理中有网状的图案，想到了数字编码"14—鱼市"中的渔网

2.创造关联。纹理本身与数字编码没有关联,但是纹理特征又比较明显,这时我们就可以利用想象力创造关联,可以是编故事,也可以是组合,没有特定的方式,只需要根据自己的第一印象进行编码即可。

纹理下方有长条形凸起,把它看作一根棍子,就可以关联到数字编码"50—武林"中的双节棍	纹理上下颜色不一样,可以将上半部分看作酒坛的盖子,下面是酒坛,就可以关联到数字编码"09—酒"	纹理中有细细的隆起,可以将其看作火柴。火柴可以点火,可以想到恶灵与火有关,就可以关联到数字编码"20—恶灵"	纹理中有白色棉花絮状纹理,可以将其看作拳击手套的填充物,就可以关联到数字编码"28—恶霸"

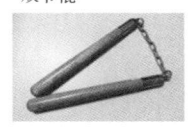

3.直接指定。纹理实在无法与数字编码关联的,比如纹理无法分辨的纯黑图形、纹理无法辨别的图形等。这一类无须关联,直接指定即可。指定时注意选择目前还没有对应到的数字编码,且对应完成后要多熟悉几次把它记住。

74—骑士  　　　40—司令  　　　45—食物  　　　53—火山

第四节 符号编码

一、编码的定义

所谓符号，就是用于特征区分和含义指代的标识或印记。由于研究的需要，人们开始对各种符号及其指代含义进行规范，并形成一套科学的体系。符号与我们的工作、学习、生活息息相关，如家用电器按键符号、天气符号、化学符号、标点符号、摩尔斯电码等，通过这些符号我们可以直观地联想到其表达的含义。

二、编码的类型

那么符号该如何进行编码呢？我们常从以下两点入手：

○ 理解型编码，即通过对符号的认知和理解，直接用其本身的含义编码。

○ 根据外形运用象形法编码。

（一）理解型符号

基于自己的社会阅历与认知，我们一看就知道其所代表的含义。

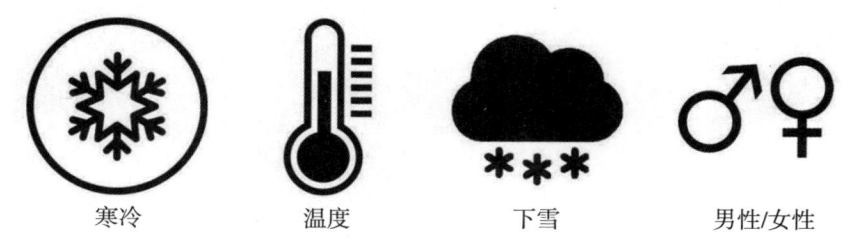

| 寒冷 | 温度 | 下雪 | 男性/女性 |

（二）象形符号

通过其外形联想，运用生活中熟悉的图像进行代替。

太阳系八大行星

水星
（小女孩）

金星
（金钥匙）

地球
（农田）

火星
（火箭）

木星
（电锯）

土星
（椅子）

天王星
（铁栅栏）

海王星
（玛莎拉蒂）

还有一类符号，它是数字与符号的结合体，那就是扑克牌符号。这类符号该如何编码呢？通常我们采取的思路是将其转化为数字编码，分为三步：

第一步，将四种花色转化为数字：黑桃为1、红桃为2、梅花为3、方片为4；

第二步，将J、Q、K转化为数字，分别对应5、6、7。

第三步，固定读牌方式。10以内（包括10）先读花色再读牌面数字，比如黑桃2就读作12，梅花6就读作36，方片10就读作40；含有J、Q、K的牌，先读字母（字母已转化为数字）再读花色，比如梅花Q就读作63，红桃K就读做72。以此类推，我们就可以将52张数字牌全部转化为数字编码。那大小王怎么办呢？一般大小王是不记忆的，因此无须编码。如果你有这个需求，可单独编码，比如大王是皇帝，小王是小丑，根据自己的喜好定义即可。以下是52张扑克牌转化后的数字对照表。

扑克牌—数字对照表

数字	花色			
	黑桃	红桃	梅花	方片
A	11	21	31	41
2	12	22	32	42

续表

数字	花色			
	黑桃	红桃	梅花	方片
3	13	23	33	43
4	14	24	34	44
5	15	25	35	45
6	16	26	36	46
7	17	27	37	47
8	18	28	38	48
9	19	29	39	49
10	10	20	30	40
J	51	52	53	54
Q	61	62	63	64
K	71	72	73	74

三、编码的应用

符号编码的应用非常广泛，这里我以扑克牌记忆为例给大家讲解。一般情况下，我们用地点法记忆扑克牌，但由于此刻大家还没有学习地点法，我们可以用前面学过的串联法来进行体验。

请记忆下列扑克牌：

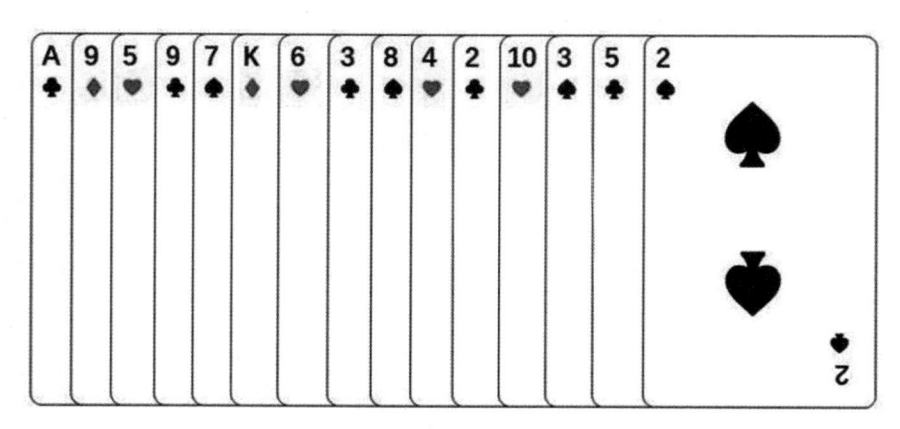

A♣ 9♦ 5♠ 9♣ 7♦ K♣ 6♥ 3♣ 8♣ 4♣ 2♣ 10♥ 3♣ 5♣ 2♠

第四章 奇幻变装（编码法）

如果用传统的死记硬背，大多数人需要记忆一二十分钟，但是如果利用编码那就快多了。接下来我们用扑克牌编码来记忆。

第一步，我们将扑克牌转化为数字编码。

A♣ 9♦ 5♥ 9♣ 7♠ K♦ 6♣ 3♣ 8♥ 4♣ 2♥ 10♥ 3♣ 5♣ 2♠

31	49	25	39	17	74	26	33	18	24
鲨鱼	死囚	二胡	三角	玉器	骑士	河流	闪闪	一巴	恶狮
32	20	13	35	12	—	—	—	—	—
沙鸥	恶灵	雨伞	珊瑚	婴儿	—	—	—	—	—

第二步，将所有的图像按照顺序串联。

<u>鲨鱼</u>咬住了<u>死囚</u>。<u>死囚</u>在拉<u>二胡</u>，<u>二胡</u>锯断了<u>三角</u>尺，<u>三角</u>尺卡住了<u>玉器</u>。<u>玉器</u>摔碎在<u>骑士</u>的盾牌上。<u>骑士</u>的盾牌挡住了<u>河流</u>，<u>河流</u>冲走了<u>闪闪</u>发光的金佛。金佛<u>一巴</u>掌拍死了<u>恶狮</u>。<u>恶狮</u>撕咬<u>沙鸥</u>，<u>沙鸥</u>撞到了<u>恶灵</u>。<u>恶灵</u>点着了<u>雨伞</u>，<u>雨伞</u>勾住了<u>珊瑚</u>，<u>珊瑚</u>缠住了<u>婴儿</u>。

第三步，一边回忆故事，一边将故事中的编码还原为对应的扑克牌。

这就是最简单的记忆扑克牌的方法。如果想要记得更快更多就要用到地点法。目前记忆一副扑克牌的世界纪录是13.96秒，这项纪录就是用地点法创造的。我们在下一章就会讲解地点法，请你在掌握以上知识的前提下，再学习第五章。

第五章　定海神针（地点法）

地点法，也叫地点桩法，是一种历史悠久的记忆方法。它是在我们的大脑中建立空间场景，并把要记忆的信息与场景联系起来的记忆方法，是记忆法学习者必须学会的一种重要方法。地点法最主要的作用就是为我们提供回忆的线索。它以我们生活中熟悉的场景或地点为载体，以视觉记忆和想象力为依托，将记忆内容紧密地与地点联系，使我们回忆时可以轻松地通过熟悉的地点想到记忆内容。

在实际应用中，每个人对地点的理解都不相同。比如，学科记忆类的学者会认为地点就是一个接一个的、独立的、有序的位置或空间；而竞技记忆类学者会认为地点是某一个场景中连续的位置。在我看来，地点是一个有路线、有物体、有空间、有场景感的完整系统。

拥有一组地点往往需要经历三个阶段。第一阶段是寻找地点，我们需要根据自身的需求找到合适的地点；第二阶段是记忆地点，需要把找到的地点通过复盘的方式熟练记忆；第三阶段是整理地点，利用手机或相机给地点拍摄图片和视频，并进行分类整理。常用的地点类型有三种：宫殿地点、旅程地点、虚拟地点。

第一节　宫殿地点

所谓宫殿地点，就是在封闭的空间内，按照一定的规则寻找一定数量地点的方式。比如，将我们自己的家、电影院、服装店等空间分成几个区域，然后按照一定的顺序和要求，在每个区域中寻找固定数量的地点，最终组成一组地点。

宫殿地点寻找一般遵循以下规则：

○选择一个相对封闭的场景或空间（如自己家）；

○按照一定的方向进行分区，初学者建议分5个区（区域之间路线不重叠、不交叉）；

○每个区域按照顺序（顺时针或逆时针）选取5个或者10个合适的物品或位置作为地点；

○寻找位置时注意不要找太小的、可以轻易挪动的物品，也不要重复找一样的物品，尽可能找比较大的、有特点的、立体感强的物品；

○按照寻找的顺序依次记忆和回忆地点，多次复盘；

○利用手机或者相机将地点拍摄成照片，将路径录成视频并保存。拍摄时的路径与角度要与回忆时一致；

○反复使用地点，直至轻松构建大脑场景。

下面我们通过一个具体的案例来讲解。

下面是我家的户型图，我选择它来作为宫殿。从入户开始，按照逆时针方向选定了5个区域。

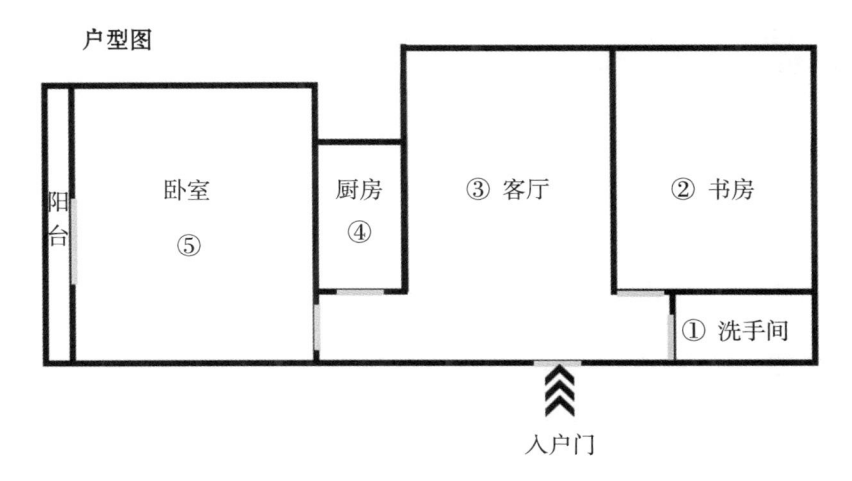

户型图

| 阳台 | 卧室 ⑤ | 厨房 ④ | ③ 客厅 | ② 书房 |
| | | | | ① 洗手间 |

入户门

接下来，依靠实景图辅助，我在每个区域中寻找了5个地点。在这里我们依然按照逆时针的方向寻找。

第一区：洗手间。

①拖把
②收纳架
③暖气片
④马桶
⑤洗手池

第二区：书房。

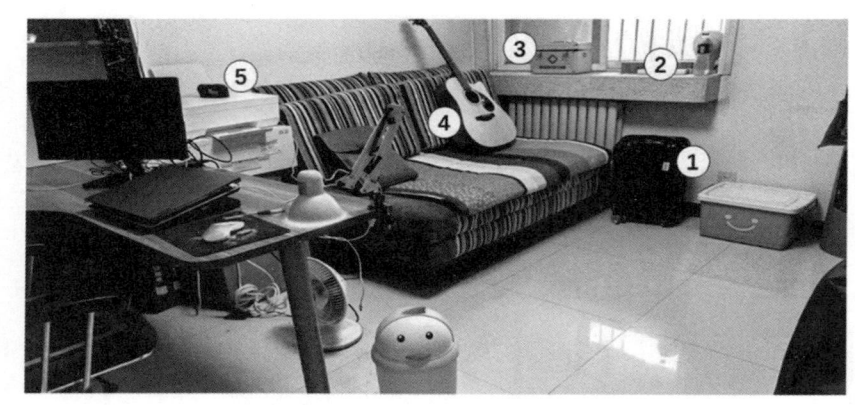

①拉杆箱
②窗台
③医药箱
④吉他
⑤打印机

第三区：客厅。

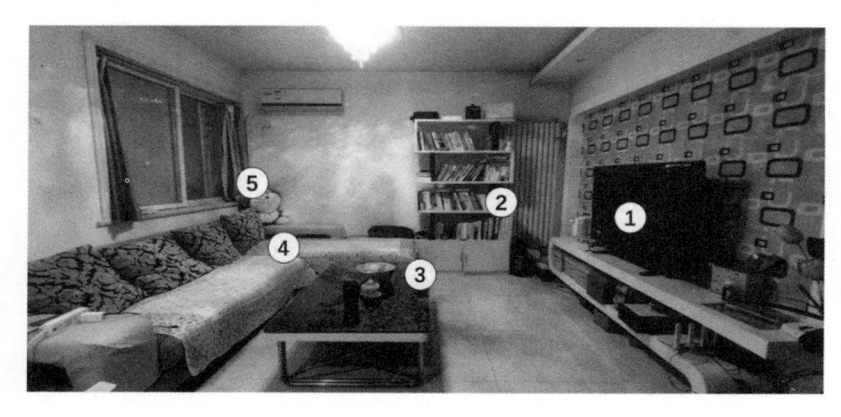

①电视
②书架
③茶几
④沙发
⑤毛绒玩具

第四区：厨房。

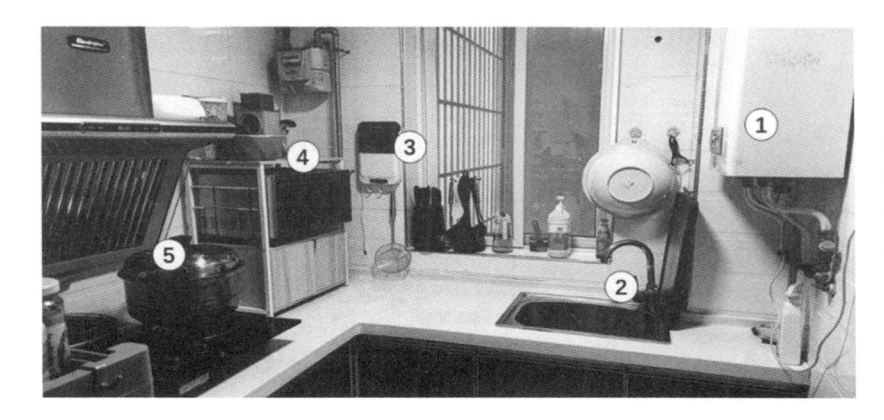

①壁挂炉
②洗菜池
③筷子盒
④微波炉
⑤灶台

第五区：卧室。

①床头柜
②床
③空调
④推拉门
⑤梳妆台

你会发现我寻找的地点基本都是比较大的、有特点的、立体感强的，记忆起来比较容易。

接下来我们不要看这些图片，闭上眼睛一起来复盘。先熟练记忆这5个区域，直至正背、倒背、抽背都能迅速反应；再记忆每一个区域的地点，也是同样直至正背、倒背、抽背可以迅速反应。一般25个地点正背一遍的时间在25秒以内为合格，15秒以内为优秀。注意，背诵时地点的图像才是最主要的，地点的名称并不重要。最后，将熟练记忆的地点用来记忆资料，反复多用几次，增加对地点的感受度。

第二节　旅程地点

所谓旅程地点，就是在某一空间内，按照一定的规则连续寻找一定数量地点的方式。比如，在公园、商场、学校等空间中，按照游览的顺序，依次寻找地点。寻找时无须分区域，以路线为主，一找到底即可。旅程地点的寻找一般遵循以下规则：

○选择一个连续的场景或空间（如公园）；

○无须分区，直接按照游览顺序寻找即可；

○寻找位置时注意不要找太小的、可以轻易挪动的物品，也不要重复找一样的物品，尽可能找比较大的、有特点的、立体感强的物品；

○按照寻找的顺序依次记忆和回忆地点，多次复盘；

○利用手机或者相机将地点拍摄成照片，将路径录成视频保存。拍摄时的路径与角度要与回忆时一致；

○反复使用地点，直至轻松构建大脑场景。

下面我们通过一个具体的案例来讲解。

我在中山公园中按照一定的游览顺序选择了5个地点，如下图所示。

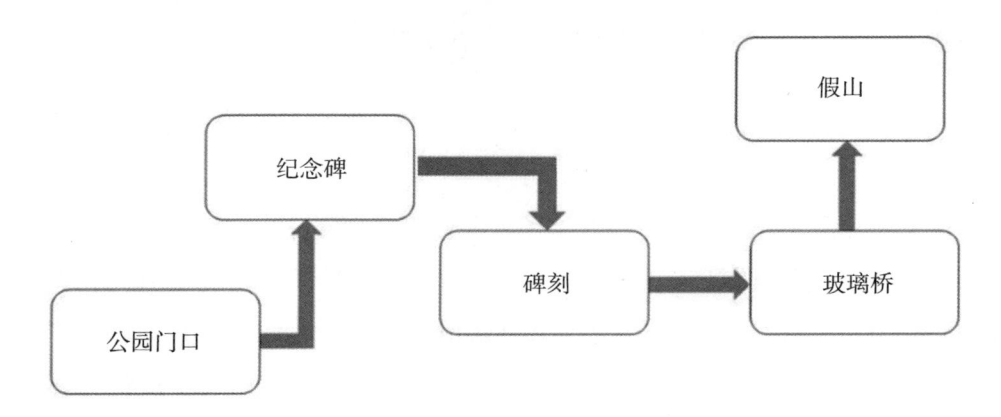

公园门口 → 纪念碑 → 碑刻 → 玻璃桥 → 假山

接下来，依靠实地采风图辅助，我在每个区域中根据行走的顺序寻找了几个地点

第五章 定海神针（地点法）

区域一：公园门口。

①盲道
②围栏
③花丛
④石头
⑤松树

区域二：纪念碑。

⑥台阶
⑦平台
⑧纪念碑
⑨围墙

区域三：碑刻。

⑩碑刻
⑪垃圾桶
⑫石头
⑬小桥
⑭红门

063

区域四：玻璃桥。

⑮灯杆
⑯玻璃扶手
⑰餐厅
⑱大树
⑲石狮子
⑳门牌

区域五：假山。

㉑奇石
㉒阶梯
㉓护栏
㉔亭柱
㉕亭顶

你会发现我寻找的地点基本都是比较大的、有特点的、立体感强的，记忆起来比较容易。

接下来我们不要看这些图片，闭上眼睛一起来复盘。先熟悉游览路线，直至正着想、倒着想都没有问题后，就可以按顺序回忆地点，也是同样直至正背、倒背都可以迅速反应。一般25个地点正背一遍的时间在25秒以内为合格，15秒以内为优秀。注意，背诵时地点的图像才是最主要的，地点的名称并不重要。

强调一下，旅程地点可分区也可不分区，根据自己的喜好决定即可，最重要的是地点的连续性一定要好，如遇到转角的地方可适当留意标志物。

最后，将熟练记忆的地点用来记忆资料，反复多用几次，增加对地点的感受度。

第三节　虚拟地点

虚拟地点就是脱离现实的空间，可按照自己的想法灵活创造。比如我需要25个地点，那么我就可以选择宫殿法或者旅程法凭空想象。假设我们用的是宫殿法，那我就想象一个封闭空间，然后将这个封闭空间分成几个区域，并分别命名，再在每个区域中按照自己的想法创造一些地点，最终就会形成一套完整地点。这就是最简单的虚拟地点。构建虚拟地点一般遵循以下规则：

○确定虚拟的方式（宫殿法或旅程法）；

○虚拟一个大的空间或场景并命名；

○将虚拟空间或场景分区（如果是旅程法也建议分区，有助于记忆）；

○在每个区域中按照既定的顺序，在不同的位置虚拟地点。虚拟时可以根据自己的喜好也可以参照生活中的实物；切记虚拟的地点不要太小或轻易可以挪动，也不要重复，尽可能虚拟出比较大的、有特点的、立体感强的物品；

○按照虚拟顺序依次记忆和回忆地点，多次复盘；

○反复使用地点，直至轻松构建大脑场景。

下面我们通过一个具体的案例来讲解：

我选择宫殿法来虚拟构建一个大场景——艺术培训学校。在一个矩形框中，我按照自己的想法确定了"入口"并从入口开始，按照一定顺序（在该案例中为顺时针，其他顺序也可以）划分出5个区域（区域数量根据自己的需求创造，这里只展示一种区域划分），如下图所示。

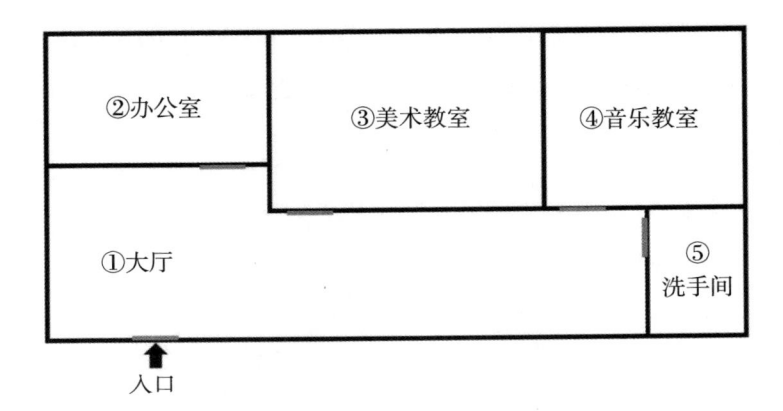

[图：楼层平面图，区域划分]
- ②办公室
- ③美术教室
- ④音乐教室
- ①大厅
- ⑤洗手间
- 入口

接下来，我在每个区域中按照既定的顺序，在不同的位置虚拟地点。

虚拟区域一：大厅。

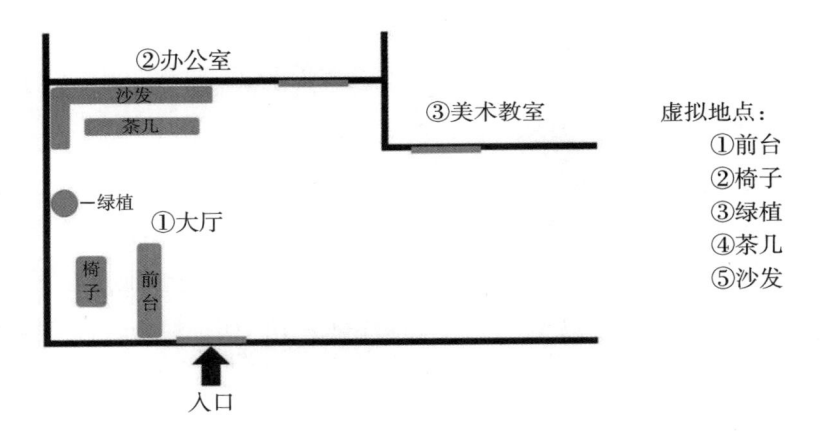

[图：大厅内部布局]
- ②办公室
- 沙发
- 茶几
- 绿植
- ③美术教室
- ①大厅
- 椅子
- 前台
- 入口

虚拟地点：
①前台
②椅子
③绿植
④茶几
⑤沙发

虚拟区域二：办公室。

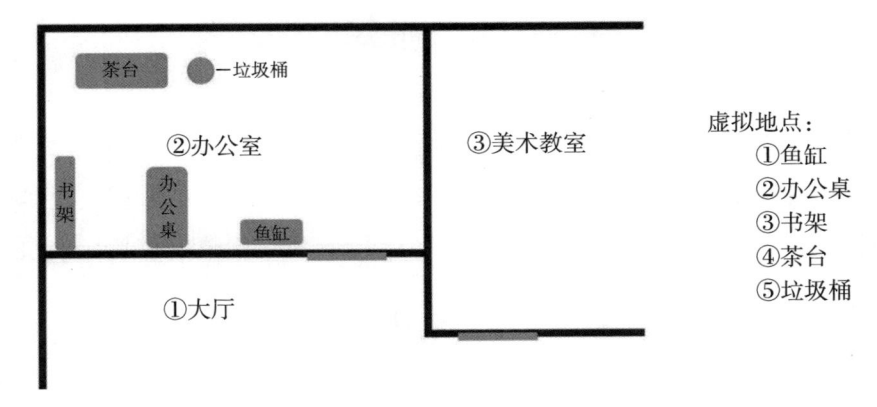

[图：办公室内部布局]
- 茶台
- 垃圾桶
- ②办公室
- ③美术教室
- 书架
- 办公桌
- 鱼缸
- ①大厅

虚拟地点：
①鱼缸
②办公桌
③书架
④茶台
⑤垃圾桶

按照上述逻辑继续创造其他房间的地点。在这里要注意，地点的样子是自己创造的，我在这里就不详细描述了。接下来请大家将剩余三个区域的地点创造完成，并补充在下图中。

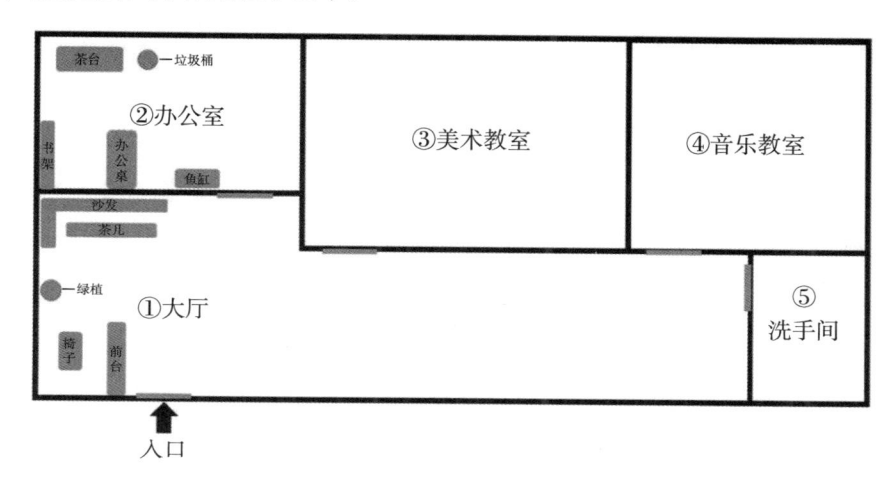

按照顺序依次记忆和回忆地点，多次复盘直到可以将每一组地点都熟练地正背、倒背、抽背。下面给大家讲解一下复盘的步骤。

第一步，复盘虚拟场景整体与每一个区域的场景。

第二步，依次复盘每一个区域中的地点名称。

第三步，复盘每一个点的细节，包括大小、形状、材质、颜色、纹理等，越详细越好。

第四步，身临其境，将自己融入场景中，依次"浏览"地点。

第五步，测试地点记忆的熟练度，在保证图像质量的前提下，尽可能加快速度，以25个地点为例，以20秒内能清晰回忆为佳。

第六步，反复使用地点，直至轻松构建大脑场景。

第四节　记忆宫殿

记忆宫殿这个词由来已久，也是众多记忆法初学者最早接触的记忆术名词之一。关于记忆宫殿的解释有太多版本了，有人认为记忆宫殿是记忆法的统称，也有人认为记忆宫殿就是地点桩法或地点法，而我则认为记忆宫殿是地点的管理系统和应用系统。

前面三节给大家讲解了各种各样的地点，有宫殿地点、旅程地点和虚拟地点。那么大家有没有想过，随着你不断积累，你的地点会越来越多，会不会出现地点混淆、地点乱序、地点跳跃等问题呢？答案是显而易见的，多了一定会乱。打个比方，把一套书看作一组地点，那么当你有五套书的时候，让你找其中一本会非常容易；但如果有十套、五十套、一百套、一千套，你还能从容地找出其中一本吗？这时候你会面临种种问题，很难快速而准确地找到其中一本。因此你需要一套图书管理系统。地点也是一样的，它也需要管理。

常见的地点管理方式有两种。一种是按照用途管理。比如参加竞技比赛的选手，他们就是按照参赛项目管理的。他们会将自己的地点按照每一个比赛项目的需求进行分配，并且分配后一般都会固定，不同项目间地点不会混用，而且会经常按照项目分类复习地点，以保证对地点的熟练度。另一种是按照地点的类型进行管理。比如将所有的宫殿地点排序，放在一起管理；将所有的旅程地点进行排序，放在一起管理；将所有的虚拟地点排序后，放在一起管理。按照地点类型管理，也要按照一定规律和时间进行复习。除了以上两种方式，你还可以按照自己的想法进行管理，只要你定好管理规则，并定期复习即可。对于初学者来说，建议至少熟记20组地点，如果你想成为记忆高手，则至少要准备100组地点。

在记忆领域内有这样的一种说法：不会地点法等于没学记忆法。可见地点法在记忆术中的地位。地点法的应用范围非常广，不管是数字、文字、符号还是图形，都可以用地点法轻松搞定，因此地点法也被称为万能记忆法。使用地点法记忆时，主要记忆的是资料的线索，因此不管你记忆什么类型的资料，只要将其线索找出来，再利用地点即可轻松记忆。

接下来，我们通过数字记忆和文字记忆来给大家讲解地点法的使用方法。

一、数字记忆

数字记忆其实很简单,就是将数字转化为数字编码,再将编码按顺序依次与地点进行联结即可。我们一起来试试吧。

0	6	2	1	1	8	0	9	1	7	2	0	3	6	2
8	4	0	1	9	0	2	0	8	2	7	1	5	3	4

第一步,我们将每两位数字看成一组,这样就可以对应我们的数字编码,比如06对应牛、21对应鳄鱼,以此类推。

第二步,复习地点,这里我们用"宫殿地点"一节中讲过的案例的前三个区域来记忆。

第三步,将每一个编码图像与地点依次联结,联想一个生动的画面,并深刻感受。一般记忆一遍或两遍即可全部记住。

第一区:洗手间。

①拖把
②收纳台
③暖气片
④马桶
⑤洗手池

06	21	18	09	17	20	36	28	40	19
牛	鳄鱼	一巴	酒	玉器	恶灵	山鹿	恶霸	司令	一脚
02	08	27	15	34	—	—	—	—	—
鹅	耙	耳机	鹦鹉	沙子	—	—	—	—	—

069

①牛撞向拖把

②鳄鱼尾巴把收纳架劈成了两半

③一巴掌拍到暖气片

④酒在马桶中爆炸

⑤玉器摔碎在洗手池

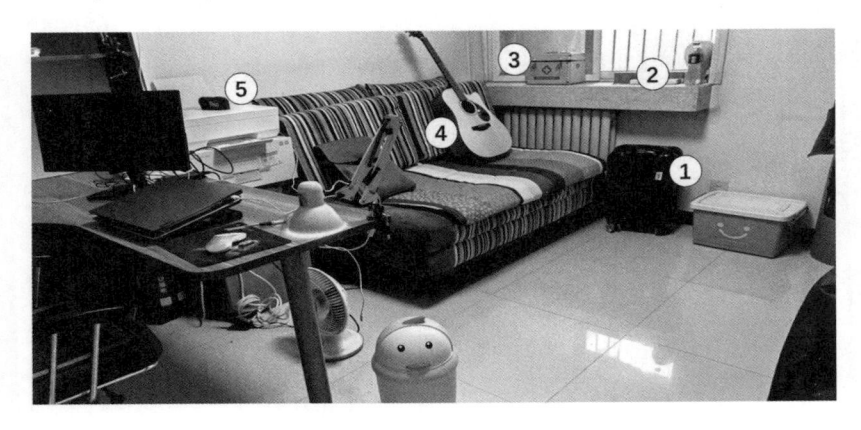

第二区：书房。

①拉杆箱
②窗台
③医药箱
④吉他
⑤打印机

①恶灵点着了拉杆箱

②山鹿顶起了窗台

③恶霸打碎了医药箱

④把司令帽子戴到吉他上

⑤一脚踹飞了打印机

第三区：客厅。

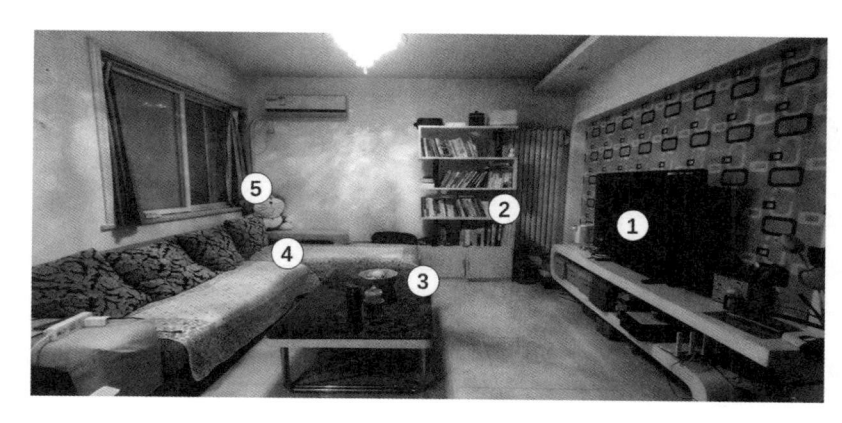

①电视
②书架
③茶几
④沙发
⑤毛绒玩具

①鹅在用嘴巴拧电视　　②用耙子打到了书架

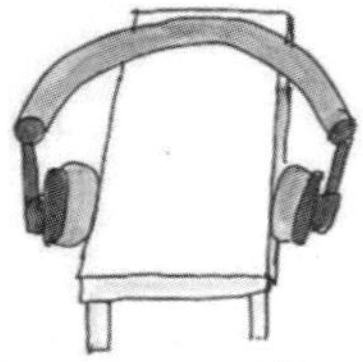

③把耳机夹到茶几上 　　④鹦鹉把屎拉到沙发上 　　⑤沙子淹没了毛绒玩具

按照这样的节奏，看清楚每一个地点上的画面，并深刻感受联想时的情绪和感觉。初学者一般记忆两遍即可全部搞定，熟练后一遍就可以全部记住。

第四步，根据地点依次回忆记忆的图像，将图像转化成数字并默写，即完成了数字记忆。

这是最简单的，也是最容易上手的用地点法记忆数字的方法，当然还有更高阶的数字记忆方法，会在后面的章节为大家详细讲解，在此之前请大家先掌握好这个方法。

二、文字记忆

地点法主要解决的是记忆线索的问题，因此记忆时要先处理好资料的线索（即关键词）。我们来一起用地点法记忆文章《燕子（节选）》。

一身乌黑光亮的<u>羽毛</u>，/一对俊俏轻快的<u>翅膀</u>，/加上剪刀似的<u>尾巴</u>，/凑成了活泼机灵的<u>小燕子</u>。

才下过几阵蒙蒙的<u>细雨</u>。/微风吹拂着千万条才展开带黄色的嫩叶的<u>柳丝</u>。/青的<u>草</u>，绿的<u>叶</u>，各色鲜艳的<u>花</u>，/都像赶集似的<u>聚拢</u>来，形成了光彩夺目的春天。/小燕子从南方赶来，为春光增添了许多生机。

第五章 定海神针（地点法）

第一步，将文章分句，一般以"，"或"。"为标志来分，具体看内容长度。如原文中"/"标所示，划分成9个分句。

第二步，找出每一句的关键词（能让你还原出整句内容的词语，一般选择句子主体、名词、动词），作为记忆线索。如原文中下划线标注所示，共有11条线索。

第三步，将线索与地点进行故事关联，这里使用"宫殿地点"一节中讲过的案例的第四、第五区域。

第四区：厨房。

① 壁挂炉
② 洗菜池
③ 筷子盒
④ 微波炉
⑤ 灶台

①羽毛沾满了壁挂炉

②把翅膀放在洗菜池内洗一洗

③把尾巴装进筷子盒

④小燕子飞进微波炉

⑤灶台上下起了细雨

073

第五区：卧室。

①床头柜
②床
③空调
④推拉门
⑤梳妆台

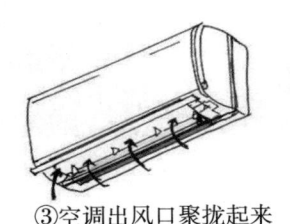

①柳丝挂满了床头柜

②床头上长满了草，枕头上落了一片叶子，被子上开满了花

③空调出风口聚拢起来

④推拉门为房间增添了阳光

第四步，根据地点回忆关键词，能够熟练地正背、倒背即可。

第五步，根据关键词还原原文中的每一句话。

第六步，查漏补缺，哪一句记得不好就把哪一句再加工一下，直到可以熟练背诵。

第六章　变形金刚（部位法）

在学科、职称、资格证等考试中，最常见的题型是一个题目对应三到八条答案，如《马关条约》的内容、鸦片战争失败对中国的影响、人体的八大系统、温室效应的影响等。这种类型的资料，单靠理解记忆，经常会出现遗漏一两个要点的情况。再加上每个科目都有上百道这种题型，大量记忆时还会出现混淆的情况。遇到这种类型的资料，部位法无疑是最适合的方法之一。

部位法是地点法的精简版。部位法在保持地点法精准定位优势的同时，也发挥了自身灵活多变的特性。部位法是利用我们身边熟知的万事万物，如人体、汽车、老虎等，在大脑中构建部位宫殿。我们熟知的事物有很多，大致分为人物、动物、工具等，我们根据事物的大小选取部位，一般一个事物可以找5~10个部位。

部位法使用流程：

第一步，根据资料的题目选择一个接近的事物，如题目是"《马关条约》的内容"，那么我们就用一匹马。

第二步，根据答案的数量，在这个事物上选取对应数量的部位。

第三步，将答案和对应的部位做关联联想，这样就可以轻松记住全部内容，而且不会混淆。

本章会详细讲解在人物、动物等之上找部位的方法，同时也会列出部位法记忆资料的案例。我们平时看到自己熟悉的事物时，要多尝试去找部位。多多应用，日积月累，部位法一定会发挥出巨大的威力！

第一节　事物部位

事物部位指在我们生活中常见的物品、工具、植物等事物上找到的部位，我们可将事物分为普通型和特殊型。普通型指现实生活中存在的事物，如大树、电视柜、汽车、茶壶、黑板等；特殊型指现实生活中不常见，但是在小说、影视剧中常见的物品等，如机器人、金箍棒、炼丹炉等。

接下来我们通过实例来体验一下。

一、大树（从上向下）

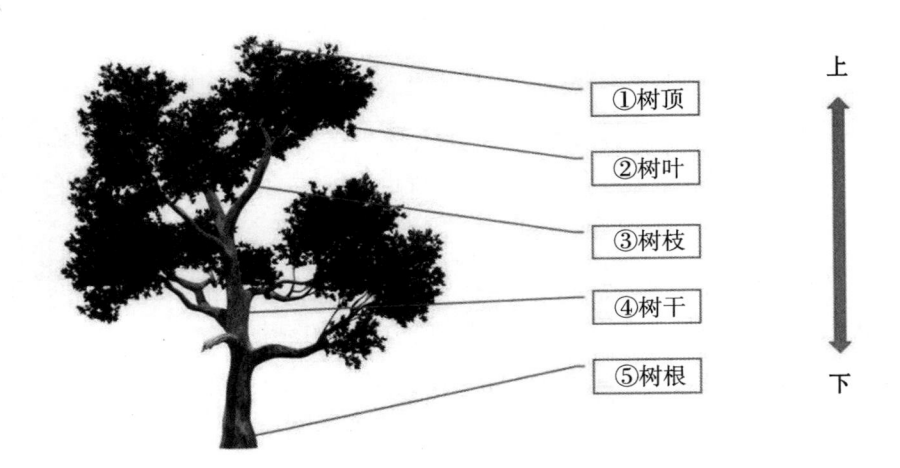

① 树顶
② 树叶
③ 树枝
④ 树干
⑤ 树根

上 ↕ 下

二、电视柜（从左到右）

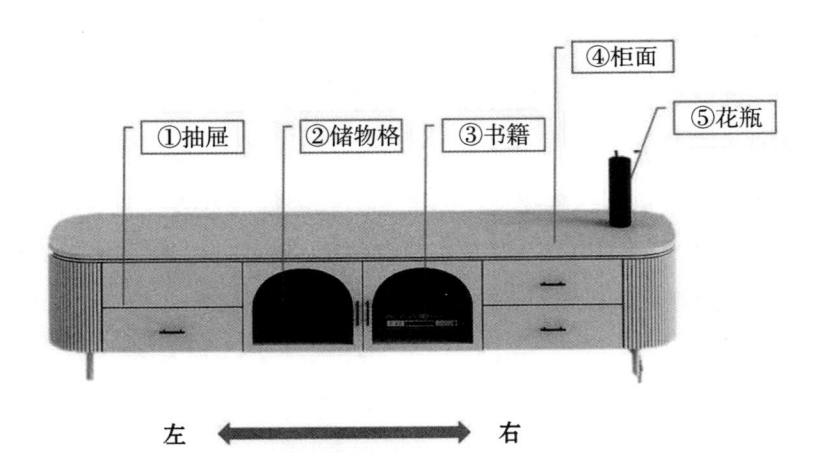

① 抽屉
② 储物格
③ 书籍
④ 柜面
⑤ 花瓶

左 ←→ 右

三、汽车（圆形路径，转一圈）

⑤车顶/天窗
④挡风玻璃
③引擎盖
②车标
①车牌照
⑥车尾灯
⑦油箱盖
⑧轮胎
⑩车窗
⑨车门

一圈

四、茶壶（圆形路径，转一圈）

一圈

②壶盖
①壶嘴
③壶柄
④壶身
⑤壶底

五、黑板（对称结构，上下左右中）

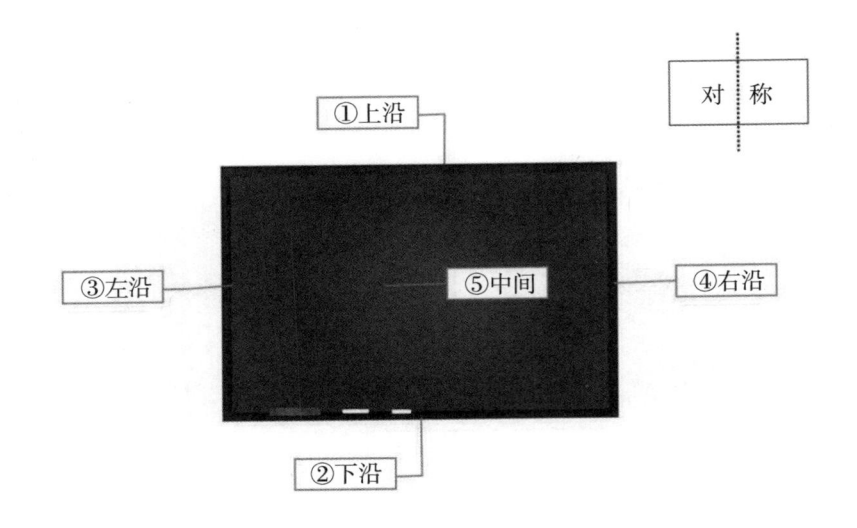

① 上沿
② 下沿
③ 左沿
④ 右沿
⑤ 中间

对　称

六、机器人（根据特征灵活选取）

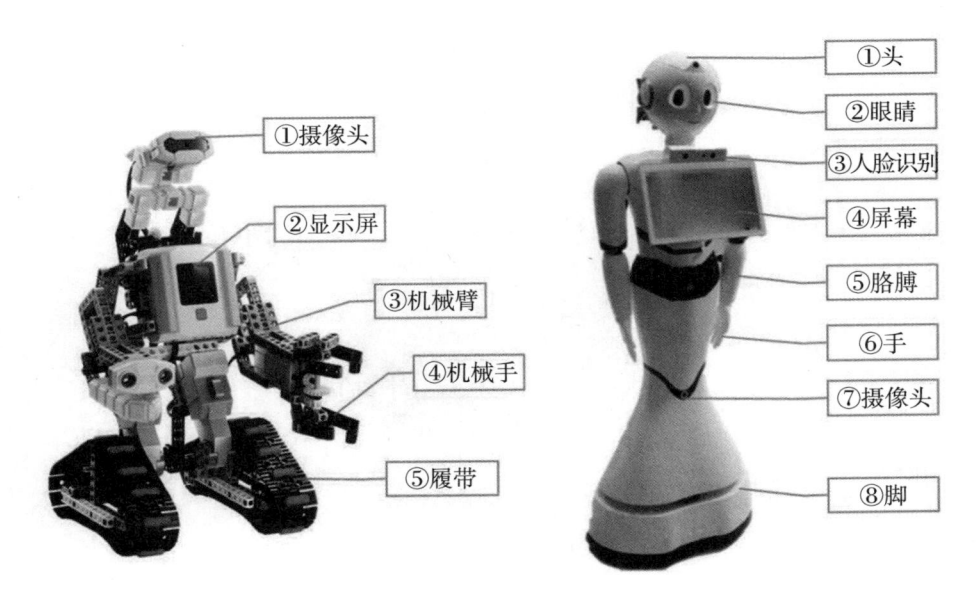

① 摄像头
② 显示屏
③ 机械臂
④ 机械手
⑤ 履带

① 头
② 眼睛
③ 人脸识别
④ 屏幕
⑤ 胳膊
⑥ 手
⑦ 摄像头
⑧ 脚

我们可以通过下面的两个例子来体验一下这种方法。

（一）尝试用大树部位来记忆含有"树"的成语

树大根深、绿树成荫、树上开花、火树银花、独树一帜复习一下大树的部位：树顶、树叶、树枝、树干、树根。

我们开始记忆，想象下面的场景：

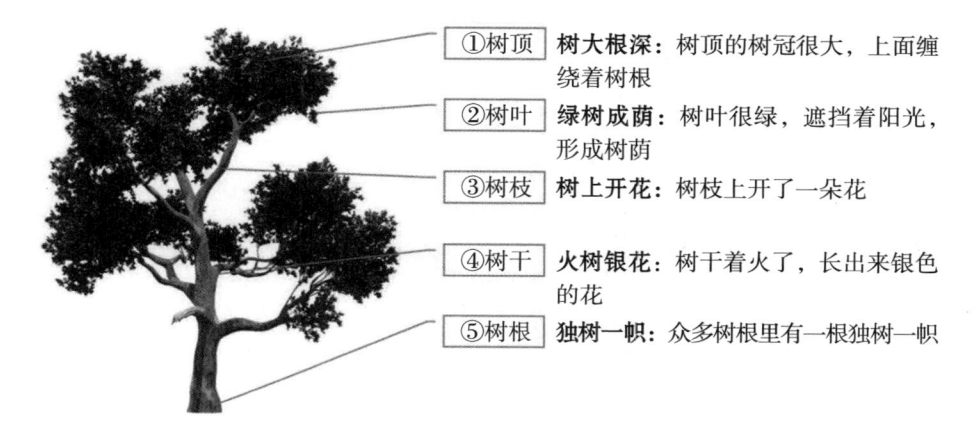

①树顶 **树大根深**：树顶的树冠很大，上面缠绕着树根

②树叶 **绿树成荫**：树叶很绿，遮挡着阳光，形成树荫

③树枝 **树上开花**：树枝上开了一朵花

④树干 **火树银花**：树干着火了，长出来银色的花

⑤树根 **独树一帜**：众多树根里有一根独树一帜

（二）尝试用茶壶部位来记忆中国五大名茶

洞庭碧螺春、西湖龙井、武夷岩茶、安溪铁观音、祁门红茶

复习一下茶壶的部位：壶嘴、壶盖、壶柄、壶身、壶底。

你的想象：

壶嘴——洞庭碧螺春：_____

壶盖——西湖龙井：_____

壶柄——武夷岩茶：_____

壶身——安溪铁观音：_____

壶底——祁门红茶：_____

第二节　人物部位

　　人物部位就是在人身体上按照一定的顺序寻找的部位。一般可以在一个人身上找大约10个部位。人物也分为普通型和特殊型。普通型指现实生活中存在的真实人物，如自己、亲人、朋友、老师、明星等；特殊型指虚拟人物，如小说人物、卡通人物等。

　　接下来我们通过实例来感受一下。

一、自己的身体部位

按照一定的顺序寻找自己熟悉的部位，这里我们按照自上而下的顺序寻找，依次可以得到十个身体部位：

①头发
②眼睛
③鼻子
④嘴巴
⑤脖子
⑥胸脯
⑦肚子
⑧大腿
⑨小腿
⑩脚

上
↕
下

二、虚拟人物部位

按照一定的顺序寻找你能看得见的部位，一定要根据你所看到的图像灵活选取部位。

例如：

①皇冠
②头发
③眼睛
④鼻子
⑤胡子
⑥胸脯
⑦肚子
⑧腰带
⑨腿
⑩脚

上
↕
下

（一）尝试用自己的身体部位来记忆中国十大名胜古迹

万里长城、桂林山水、北京故宫、杭州西湖、苏州园林、安徽黄山、长江三峡、台湾日月潭、承德避暑山庄、秦兵马俑

提示：

头发——万里长城：头发上顶着万里长城。

眼睛——桂林山水：左眼看山，右眼看水。

鼻子——北京故宫：鼻子撞到了北京故宫。

嘴巴——杭州西湖：嘴里喝杭州西湖的水。

脖子——苏州园林：脖子卡在苏州园林里。

胸脯——安徽黄山：胸脯上长了一座安徽黄山。

肚子——长江三峡：肚子上流淌着长江。

大腿——台湾日月潭：大腿上刻了一个日、一个月。

小腿——承德避暑山庄：小腿去承德避暑山庄避暑。

脚——秦兵马俑：脚踩在了秦兵马俑上。

（二）尝试用虚拟人物来记忆中国八大菜系

鲁菜、川菜、粤菜、江苏菜、闽菜、浙江菜、湘菜、徽菜

你的想象：

_____

提示：

①皇冠：皇冠上顶着一颗卤（鲁）蛋。
②头发：头发掉进了四川火锅。
③眼睛：眼睛看到了月（粤）季花。
④鼻子：鼻子里面塞满了酥（苏）饼。
⑤胡子：抿（闽）了一下胡须。
⑥胸脯：胸脯的骨头骨折（浙）了。
⑦肚子：肚子发出一股香（湘）味。
⑧腰带：腰带上粘了一枚徽章。
⑨腿
⑩脚

第三节　动物部位

　　动物部位法是部位法里常用的方法之一。动物分为普通型和特殊型。普通型指现实生活中常见的、真实存在的动物，如猫咪、小狗、老虎、乌鸦、老鹰、乌龟、鲨鱼等；特殊型指生活中不常见或者不存在的动物，如麒麟、龙、凤凰、兔八哥、顽皮豹等。

　　接下来我们通过实例来感受一下。

一、老虎

①头
②背
③尾巴
④肚子
⑤脚

二、老鹰

①头
②背
③翅膀
④尾巴
⑤脚

三、鱼

①嘴
②眼睛
③鳍
④肚子
⑤尾巴

四、虚拟动物

①头
②眼睛
③鼻子
④嘴巴
⑤围脖
⑥胸脯
⑦护甲
⑧前腿
⑨马背
⑩马尾

例如：我们尝试用乌鸦部位来记忆鸦片战争失败对中国的影响。

打击中国的经济；鸦片大量入口；中国门户洞开；不平等条约的束缚；民族自信心动摇。

①头：击打乌鸦的头。
②背：乌鸦后背有一个入口。
③尾：乌鸦尾巴洞开了。
④肚：乌鸦的肚子被束缚了。
⑤脚：乌鸦的脚在摇动。

第七章　倒挂金钩（衣钩法）

在记忆核心三要素里，我们讲过线索，即用熟悉的信息去定位要记忆的信息。前面学到的数字编码、地点桩、部位都可以作为线索。这些都是利用我们熟悉的图像、空间、物品等辅助我们记忆。其实作为中国人，我们熟悉的文字信息也很多，如古诗词、谚语、国学经典等，这些信息也可以作为线索辅助我们记忆。

衣钩法是记忆金钥匙里相对难度较高的方法。运用此方法的前提是熟练掌握移花接木、奇思妙想、珠联璧合和奇幻变装四种方法，衣钩法对我们短期内记忆大量信息有极大的帮助。

第一节　文字钩

我们都是从小学一年级就开始学习汉字了，按《义务教育语文课程标准》（2022年版）要求，小学毕业时要会写大约2500个汉字。假设我们从中选取非常熟悉的500个汉字，对每个汉字进行影像化处理，那么我们就会有500个线索。把我们要记忆的信息和这些汉字进行联想，那么我们就可以通过这些汉字准确地回忆出信息了。这些汉字就像挂钩一样，因此我们称之为文字钩。

500个汉字的数量太多，我们也很难做到一次性全部默写出来，所以这些汉字需要分类整理，这样在记忆时就解决了顺序问题。

1.按诗句提取。如"床前明月光"，我们依次以床（木床）、前（金钱）、明（明珠）、月（月亮）、光（灯光）这五样事物为线索。

2.按成语、谚语提取。如"一飞冲天"，我们依次以一（衣服）、飞（飞机）、冲（冲洗）、天（蓝天）这四个词为线索。

3.按成组的内容提取。如十二生肖、天干地支、计量单位等。

4.按歌词提取。如"门前大桥下，游过一群鸭"。

需要特别注意的是，这些线索必须是你自己特别熟悉的信息。每个人的知识储备不同，应以自己熟悉的为准。比如我对十二生肖倒背如流，我就可以用十二生肖做线索；如果你不知道十二生肖是什么，那就绝对不能用十二生肖做线索。读者朋友们需要依据自己的知识储备，灵活地去应用，慢慢积累文字钩。

接下来我们通过实例来体验文字钩的用法。

用十二生肖记忆十二地支：

生肖	鼠	牛	虎	兔	龙	蛇	马	羊	猴	鸡	狗	猪
地支	子	丑	寅	卯	辰	巳	午	未	申	酉	戌	亥

我们可以想象：

鼠——子：老鼠生孩子。

牛——丑：牛长得特别丑。

虎——寅：老虎被你引（寅）出来了。

兔——卯：兔子在玩长矛（卯）。

龙——辰：我们常说望子成（辰）龙。

蛇——巳：蛇下了四（巳）个蛋。

马——午：马在午休。

羊——未：羊穿越到未来了。

猴——申：猴子在伸（申）懒腰。

鸡——酉：鸡被一锅油（酉）炸了。

狗——戌：小狗在嘘嘘（戌）。

猪——亥：猪被害（亥）了。

第二节 题目钩

衣钩法里有一种特殊的方法,我们称为题目钩。题目钩是文字钩的一种。题目钩是根据记忆信息的内容数量,从题目中提取对应数量的文字,再用这些文字和内容进行联想,从而实现利用题目准确回忆出内容。

接下来我们通过实例来感受一下。

一、古诗

题西林壁
宋·苏轼

横看成岭侧成峰,远近高低各不同。

不识庐山真面目,只缘身在此山中。

我们可以想象:

题(试题)——横看成岭侧成峰:做题的时候,横着看看侧着看看。

西(西瓜)——远近高低各不同:西瓜,远近高低看都不同。

林(树林)——不识庐山真面目:藏在树林里,不能识得庐山真面目。

壁(墙壁)——只缘身在此山中:这个墙壁身在此山中。

二、历史

"商鞅变法"的主要内容

废井田,开阡陌;奖励军功;建立县制;奖励耕织

你的想象:

商(商人)——废井田,开阡陌:＿＿＿＿＿＿＿＿＿＿＿＿＿＿＿＿

鞅(羊)——奖励军功:＿＿＿＿＿＿＿＿＿＿＿＿＿＿＿＿＿＿＿＿

变(变魔术)——建立县制:＿＿＿＿＿＿＿＿＿＿＿＿＿＿＿＿＿

法(法海)——奖励耕织:＿＿＿＿＿＿＿＿＿＿＿＿＿＿＿＿＿＿

提示:

商(商人)——废井田,开阡陌:商人抛弃了井田,开了一千家馍馍店。

鞅（羊）——奖励军功：把羊奖励给有军功的人。

变（变魔术）——建立县制：建立一块限制区域给人变魔术。

法（法海）——奖励耕织：法海不懂爱，奖励他去民间耕织，感受人间真爱。

第三节　人物钩

所谓人物钩，就是利用我们熟悉的、成组存在的、有一定先后顺序的人物帮助我们记忆。这些人物在这里充当地点，我们将要记忆的资料与之进行联结即可。人物钩的积累与我们平时的经历和生活积累有很大的关系。下面给大家列举几组人物钩。

家人钩：

爷爷、奶奶、爸爸、妈妈、我、妹妹……

《西游记》人物钩：

唐僧、孙悟空、猪八戒、沙和尚。

香港"四大天王"人物钩：

张学友、刘德华、郭富城、黎明。

"十八罗汉"人物钩：

坐鹿罗汉、欢喜罗汉、举钵罗汉、托塔罗汉、静坐罗汉、过江罗汉、骑象罗汉、笑狮罗汉、开心罗汉、探手罗汉、沉思罗汉、挖耳罗汉、布袋罗汉、芭蕉罗汉、长眉罗汉、看门罗汉、降龙罗汉、伏虎罗汉。

当然，这样的人物钩还有很多，但他们都得具备两个共同的特点：一是有固定的顺序；二是你对这些人物非常熟悉。那么人物钩应该如何使用呢？我们通过一个例子来讲解。

我国"六大古都"：西安、南京、北京、洛阳、开封、杭州。

我们可以想象：

爷爷——西安：爷爷吃着西安的肉夹馍。

奶奶——南京：奶奶每年都去侵华日军南京大屠杀遇难同胞纪念馆祭奠。

爸爸——北京：爸爸在北京天安门看升国旗。

妈妈——洛阳：妈妈捡到了一把洛阳铲。

我——开封：我来到了开封府告状。

妹妹——杭州：妹妹正在杭州西湖游玩。

下面大家可以自己试着用熟悉的人物桩记忆以下资料。

四大名楼：滕王阁、黄鹤楼、岳阳楼、鹳雀楼。

四大书院：应天府书院、岳麓书院、白鹿洞书院、嵩阳书院。

第八章 化繁为简（缩略法）

众所周知，我们需要记忆的资料类型很多，资料的复杂程度也是千差万别，对于一个初学者来说，训练方式应该偏向于流程化，按部就班地训练即可；但是，随着记忆方法训练的深入、经验的积累，就需要学会更加灵活地使用所学会的方法。

当我们遇到一些复杂难记的资料时，我们可以用一些适合的方法将需要记忆的资料进行简化、分析、总结，甚至加入一些自己的创造，让记忆资料变得更加通俗易懂、形象易记，这种方法就叫作化繁为简。

注意事项：在做简化之前一定要对资料有一定的熟悉度，否则简化之后可能面临无法还原的情况。

第一节　口诀法

口诀法，也被称为歌诀法，就是对我们需要记忆的资料进行人为加工，将其创作成一句通俗易懂的口诀或者一首打油诗来进行记忆。

世界地理中的四大洋：大西洋、太平洋、印度洋、北冰洋。

我们可以创作一句口诀来帮助记忆：

大西太平印度洋，北边有个北冰洋！

中国历史朝代：夏朝、商朝、西周、东周、秦朝、西汉、东汉、三国、西晋、东晋、南北朝、隋朝、唐朝、五代、宋朝、元朝、明朝、清朝。

我们可以用一首打油诗来记忆：

夏商与西周，东周分两段；

春秋和战国，一统秦两汉；

三分魏蜀吴，两晋前后延；

南北朝并立，隋唐五代传；

宋元明清后，皇朝至此完。

第二节　字头法

字头法，也常常被称为藏头诗法，顾名思义，就是将我们需要记忆的资料的字头提取出来，然后按照一定的次序排列，联想成一个简单形象的故事来记忆。

太阳系八大行星：水星、金星、地球、火星、木星、土星、天王星、海王星。

字头分别是：水、金、地、火、木、土、天、海。

连成一句话：天地海，金木水火土。

联想：上面有天，下面有地，再下面是海，天地海中有五行！

秦灭六国的顺序：韩国、赵国、魏国、楚国、燕国、齐国。

字头分别是：韩、赵、魏、楚、燕、齐。

谐音成一句话：喊赵伟抽烟去。

联想：喊赵伟（熟人）抽烟去。

中国十二大煤炭城市：大同、阳泉、鸡西、开滦、峰峰、抚顺、淮南、六盘水、鹤岗、淮北、阜新、平顶山。

字头分别是：大、阳、鸡、开、峰、抚、淮、六、鹤、淮、阜、平。

连成一句话：大阳鸡，开封府，怀六鹤，怀腹平。

联想：大太阳底下有一只鸡，晒完太阳去开封府告状，说自己莫名其妙怀上六只鹤，怀孕后腹部还是平平的。

第三节　关键词法

关键词法，就是从我们要记忆的资料当中选取合适的关键字词，再对关键字词进行分析、总结、归纳，再结合本章第一节所讲的口诀法，创作一些简单易记的口诀或者歌谣来进行记忆。

四大名著：《三国演义》《水浒传》《西游记》《红楼梦》。

关键字：国、水、游、梦。

连成一句口诀：梦游水国。

联想：梦里游览了一个水上王国。

中国的34个省级行政区：

23个省：湖南、湖北、广东、河南、河北、山东、山西、浙江、江苏、黑龙江、江西、云南、贵州、福建、吉林、安徽、四川、辽宁、青海、甘肃、陕西、海南、台湾。

4个直辖市：北京、天津、上海、重庆。

5个自治区：内蒙古自治区、新疆维吾尔自治区、西藏自治区、广西壮族自治区、宁夏回族自治区。

2个特别行政区：香港特别行政区、澳门特别行政区。

我们可以将这些省级单位的名字进行归纳总结，创作一首打油诗来帮助记忆，这首诗是在周恩来编写的《地理诗》的基础上改编的：

两湖两广两河山，

五江云贵福吉安，

两宁四西青甘陕，

海南内北上重天，

还有港澳和台湾。

元素化合价（初中）：

元素名称	元素符号	常见的化合价	元素名称	元素符号	常见的化合价
氢	H	+1	铝	Al	+3
氯	Cl	$-1,+1,+5,+7$	硅	Si	+4
钾	K	+1	氮	N	$-3,+2,+4,+5$
钠	Na	+1	磷	P	$-3,+3,+5$

续表

元素名称	元素符号	常见的化合价	元素名称	元素符号	常见的化合价
银	Ag	+1	铁	Fe	+2,+3
氧	O	−2	碳	C	+2,+4
钙	Ca	+2	硫	S	−2,+4,+6
钡	Ba	+2	汞	Hg	+1,+2
镁	Mg	+2	铜	Cu	+1,+2
锌	Zn	+2	—	—	—

初中阶段常用的化学元素化合价比较多，我们也可通过分类、总结归纳的方式，编一些口诀来帮助我们记忆：

一价氢氯钾钠银，二价氧钙钡镁锌；

三铝四硅五氮磷，变价元素要记准。

二三铁，二四碳，一七氯，三五氮；

二四六硫全记完，汞铜二价最常见。

单质元素价为零，别忘还有六种酸。

（硝酸根、氢氧根、硫酸根、碳酸根、磷酸根、硫酸氢根）

第九章　化整为零（拆分法）

作为记忆爱好者，我们需要深入理解记忆的原理，灵活运用记忆方法，并通过大量练习形成良好的记忆习惯，这样才能够有效地将方法内化成一种能力。但在记忆各种资料的过程中，最重要且最难以掌握的就是对资料的处理。我们在面对一些内容复杂、篇幅较长、记忆量较大的内容时，为了减少自己的"畏难情绪"，可以选择将内容分解开来，分段、分块或者分步记忆，这样的方式叫作化整为零。

第一节　以熟记生

以熟记生法，顾名思义，就是运用我们过去已经记熟的内容来帮助我们记忆新学习的内容，但是这种情况往往伴随着联想或者对资料的分解。

一、英语单词

（一）underwear [ˈʌndəweə(r)] 内衣

这个单词里有两个曾经学过的熟悉单词under（在……下面）和wear（穿），比较容易想到：下面穿的就是内衣！

（二）flashlight [ˈflæʃlaɪt] 手电筒

这个单词里有两个简单的单词flash（闪光的）和light（灯），比较容易想到：能闪烁光的灯就是手电筒。

（三）compose [kəmˈpəʊz] 创作音乐，组成

由这个单词中的前缀com–可以联想到熟词computer（电脑），pose的意思是姿势，联合起来比较容易想到：电脑前有人摆着胜利的姿势庆贺自己创作

音乐成功。

（四）spice [spaɪs] 香料

由这个单词中的sp可以联想到熟词superman（超人），ice的意思是冰，联合起来比较容易想到：超人吃冰，觉得没有味道，就加点香料。

二、生僻字

（一）饕 tāo

可以将"饕"字拆解成"号+虎+食"，再将读音想成"掏"。

联想：从大号的老虎嘴里把食物掏出来。

（二）餮 tiè

可以将"餮"字拆解成"殄+食"，再将读音想成"贴"。

联想：食堂贴着不能暴殄食物的标语。

（三）垚 yáo

可以将"垚"字拆解成三个"土"，再将读音想成"窑"。

联想：三个土窑洞。

（四）鱻 xiān

可以将"鱻"字拆解成三个"鱼"，再将读音想成"鲜"。

联想：我用三条鱼熬了一锅鲜美的鱼汤。

第二节　分块记忆

"分块记忆"法是将我们需要记忆的量比较大的资料进行分解，分成小块来记忆，以减少我们记忆的错误率，同时减轻记忆压力的一种方式。

接下来我们通过实例来感受一下。

（一）中国地图

我们常说中国像一只雄鸡，那么这只雄鸡的不同部分是哪些省份呢？请你根据地图，跟着我们的描述，将整幅图分为七个模块，然后进行联想，采用串联法或缩略法进行记忆。

比如我们将整个中国地图看作是一只雄鸡，那么我们就可以通过雄鸡的各个部位来记忆省份的位置。

第一块（鸡头）：黑龙江省、吉林省、辽宁省、内蒙古自治区。

处理：黑吉辽（缩略成黑知了），内蒙古（想成蒙古包）。

联想：一群黑知了飞进了蒙古包。

第二块（鸡脖子）：北京市、天津市、河北省、河南省、山西省、山东省。

处理：京津（联想成晶晶），河北、河南、山西、山东按位置关系看，刚好是上北、下南、左西、右东（想成十字方向标）。

联想：一个亮晶晶的十字方向标。

剩下的五个小块，请你尝试运用同样的方法进行记忆。

第三块（鸡胸）：江苏省、上海市、浙江省、福建省、江西省、安徽省。

你的联想：_____

第四块（鸡肚子）：广东省、广西壮族自治区、云南省、西藏自治区、四川省、贵州省、重庆市。

你的联想：_____

第五块（鸡尾巴）：新疆维吾尔自治区、青海省、甘肃省、宁夏回族自治区、陕西省。

你的联想：_____

第六块（鸡心）：湖北省、湖南省。

你的联想：_____

第七块（鸡脚）：海南省、台湾省、香港特别行政区、澳门特别行政区。

你的联想：_____

（二）中国主要山脉

中国的主要山脉这一知识点同样是比较复杂的，要同时记忆山脉的位置关系和名称，且总共有28条信息，比较容易错乱。我们依然可以采用分块的方式进行记忆，不仅简单，而且比较容易记住山脉的走向。分块如下（请参照《中国主要山脉图》学习）：

第一块：大兴安岭（大猩猩）、小兴安岭（小猩猩）、长白山脉（长白衫），组成的形状像五线谱的一个音符。

联想：大猩猩带着小猩猩，身上都穿着长白衫！

第二块：阴山山脉和秦岭之间夹着太行山脉、吕梁山、贺兰山和六盘山，整体形状像罗马数字"Ⅲ"。

联想：天上有阴云（阴山），地下有钢琴（秦岭），从地上去天上有三条路，第一条路是老太太行走的路（太行山），第二条路是上梁山的路（吕梁山），第三条路上有人把荷兰豆（贺兰山）装在六个盘子里（六盘山），顶着上去了。

剩下的几个小块可以采用类似的方法来记忆，请自己尝试进行记忆吧。

第三节　分步记忆

分步记忆，顾名思义，就是在记忆过程中，采用分步骤的方式，先记一部分，记完之后，再记忆另外一部分。

一、省会及简称

省份	省会	简称
安徽	合肥	皖
甘肃	兰州	甘/陇
云南	昆明	云/滇
贵州	贵阳	贵/黔
四川	成都	川/蜀

对于省会和简称，我们也可以采取分步记忆的方式。

第一步，记忆省会，采用省份名和省会名分别出图，再进行关联的方法记忆即可。

安徽——合肥：把安全徽章奖励给一个很肥的人。

甘肃——兰州：用甘蔗吃兰州拉面。

云南——昆明：云朵上面有昆虫。

贵州——贵阳：昂贵的州府里阳光也很贵。

四川——成都：在四条河上成功建立了都城。

第二步，记忆简称，可以将省份名与简称联系，或者用省会名与简称联系。

安徽——皖：安全徽章被人拿来把玩（皖）。

甘肃——陇：用甘蔗打一条龙（陇）。

云南——滇：飞机在云里穿梭时很颠（滇）簸。

贵州——黔：在昂贵的州府里需要花很多钱（黔）。

四川——蜀：四条河里有老鼠（蜀）。（如果读者熟悉历史，也许不需要做关联，因为四川一境在三国时大多属于蜀国。）

二、中国部分朝代的开国君主及建国时间

朝代	开国君主	建国时间
隋朝	杨坚	581年
唐朝	李渊	618年
北宋	赵匡胤	960年

第一步，记忆开国君主。

隋朝——杨坚：水（隋）边有棵杨树很坚挺。

唐朝——李渊：糖（唐）做的李子被扔进了深渊。

宋朝——赵匡胤：送（宋）给赵国一筐印章。

第二步，记忆建国时间。

隋朝——581年：水（隋）底下，胡八一（581）在盗墓。

唐朝——618年：糖（唐）果店里，6·18购物节在做活动。

宋朝——960年：送（宋）给别人9个榴梿（960）。

第十章　情景交融（情景法）

回顾记忆的关键三要素：规律、影像和线索。其中影像质量对记忆的速度、准确度和持久度的影响都很大。然而影像的质量主要取决于出图的方式，如果我们能在出图时，想象自己在情景当中，那么情景当中的信息就会对我们的多种感官产生深入的刺激，我们的感受会更加真切。因此在记忆的过程中，我们可以刻意地放大记忆资料中的环境元素，如时间、天气、地点、场所等，让我们更容易产生身临其境的感觉，从而增强影像对我们的感官刺激。

我们把视觉、听觉、嗅觉、味觉、触觉和情绪感觉合称为六感。在融入情景的过程中，我们要有效地调动我们的六感，去感受资料影像中的各种刺激信息。

视觉信息：颜色、形状、数量、动作、方向等。

听觉信息：声音的音量、音调、音色等。

嗅觉信息：气味的强弱、种类等。

味觉信息：味道、口感等。

触觉信息：材质、温度、湿度等。

情绪感觉：兴奋、喜悦、厌恶、恶心、恐惧等。

第一节　情景联想

情景联想法也叫场景联想法，就是在关联联想或者串联联想的过程中，刻意放大资料中的场景信息，让联想的故事在相对具体的一个场所或者背景中发生，进而让联想的故事画面更加连续和丰富，让记忆更加持久和稳定。

一、随机词汇

花朵	甲虫	剪刀	书本	风筝	电影	苹果	苍蝇
大象	台灯	学生	书包	青蛙	窗户	水池	—

在出图串联的时候可以刻意将以上词语中的花朵、电影和学生处理成有具体场景的画面：

花朵：想成花园里的花朵。

电影：想成在电影院里看电影。

学生：想成教室里的学生。

串联联想：

背景	联想	说明
花园里	花朵上爬满了甲虫。甲虫抬着剪刀，剪刀剪坏书本，用书本制作风筝	这段故事发生在花园里，因此这些物品可能都带着花园里花的香味，给人一种神清气爽的感觉，就连"剪刀剪书本"和"书本制作风筝"的画面也都带着鸟语花香的美
电影院里（风筝飞到的电影院）	看电影的人在吃苹果，从苹果里吃出了苍蝇。苍蝇飞到大象头上，大象撞倒了台灯	这段故事发生在电影院里，因此整个故事都带着看电影的氛围，可能背景中还有电影的声音，你能感受到电影院里其他座位上的人等，有强烈的娱乐气息
教室里（台灯被学生拿去了教室）	学生背着书包，书包里跳出一只青蛙，青蛙从窗户跳进了水池	这段故事发生在教室里，因此每个情节都以教室为背景，背景里带着文化气息和青春活力

二、历史事件及时间

五四运动——1919年

明朝建立——1368年

在历史事件与时间的关联联想中，可以刻意放大历史事件中关键词的场景，再将时间的联想画面放入场景当中。

五四运动：可以联想到街道的画面；街道上游行队伍里有很多人高喊

"要救国、要救国！"（1919）的口号。

明朝建立：可以联想到锦衣卫的牢狱；牢狱里锦衣卫面对着囚犯，用雨伞（13）勾着牛排（68）吃。

第二节　情景定位

情景定位法也称情景图定桩记忆法，就是根据资料想象或者设计一幅情景图，在情景图中根据内容设置合适的地点来帮助我们记忆。

一、古诗

问刘十九

唐·白居易

绿蚁新醅酒，红泥小火炉。

晚来天欲雪，能饮一杯无？

根据以上古诗，我们可以设计一幅情景图，并在情景图中设置五个位置来记忆古诗。

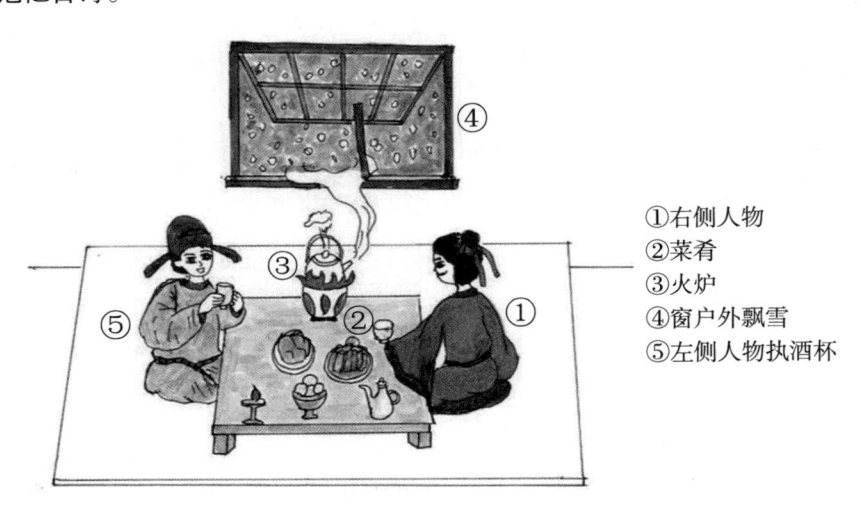

①右侧人物
②菜肴
③火炉
④窗户外飘雪
⑤左侧人物执酒杯

记忆过程：

诗人与刘十九对坐饮酒。左侧是诗人，他正张口说话，由此联想到"问刘十九"。想象桌上的菜肴是绿色的,里面爬满了蚂蚁,旁边还有一壶酒,由此联想到"绿蚁新醅酒"。桌上还放着一个小火炉,上面烧着茶水,由此联想到"红泥小火炉"。从窗户望出去,可以看见外面在飘雪,由此联想到"晚来天欲雪"。诗人手中执着杯子,由此联想到"能饮一杯无"。

根据这幅情景图,请你试着回忆各句诗。在记忆过程中,如果出现记忆不准确的情况,还需要借助其他方法来还原。具体操作方法见本书中篇"古诗记忆"一节内容。

二、古文

宋史·司马光传

群儿戏于庭,一儿登瓮,足跌没水中,众皆弃去,光持石击瓮破之,水迸,儿得活。

根据内容设计情景图,并在图中设置位置。

①小女孩
②水缸
③小男孩
④司马光
⑤破口处

记忆过程:

由小女孩联想到"群儿戏于庭",由水缸联想到"一儿登瓮,足跌没水中",小男孩代表"众皆弃去"。司马光举着一块石头,作势要砸缸,这就是

"光持石击瓮破之"。从缸破口处流出水来,因此"水进,儿得活"。

第三节　情景带入

情景带入法,顾名思义,就是将自己带入资料的情景或者设计的情景中去,以故事主人公的视角感受资料当中的故事情节、人物情感、景色景观和环境状态等。因此情景带入法一般适用于本身有明确的场景或者故事情节比较紧凑的记忆资料。

例如:

草原(选段)

老舍

这次,我看到了草原。那里的天比别处的更可爱,空气是那么清鲜,天空是那么明朗,使我总想高歌一曲,表示我满心的愉快。在天底下,一碧千里,而并不茫茫。四面都有小丘,平地是绿的,小丘也是绿的。羊群一会儿上了小丘,一会儿又下来,走在哪里都像给无边的绿毯绣上了白色的大花。

以上这段美文,描写的是草原的整体景观,场景非常明显,因此我们只需要闭上眼睛,将自己想象成主人翁,静心去感受即可。按照文章描写的顺序欣赏这美丽的草原美景吧。

中篇
记忆九宫格（应用篇）

第十一章　字词记忆

在我们的学习过程中，总会遇见一些新的字词，有时候需要花费大量的时间来记忆，所以适当地借助一些方法来记忆，学习效率会高很多。本章主要给大家介绍几种记忆生字、随机词语和成语的方法，主要用到上篇讲到的关联法、串联法、编码法、部位法和地点法，希望对读者有所帮助。

第一节　生字记忆

我们从小学一年级就开始学习汉字了，按《义务教育语文课程标准》（2022年版）要求，到三年级要会写汉字1600个左右，小学毕业要会写2500个左右。

要想记好汉字，就要知道汉字的造字思路。造字法主要包括象形、指事、会意、形声四种方法。其中独体字主要是象形和指事，合体字主要是会意和形声。

1.象形法。将字的某个部件、字素的形状想象成生活中物体的形状。

例如：日、月、山、水、口、目、瓜、鱼。

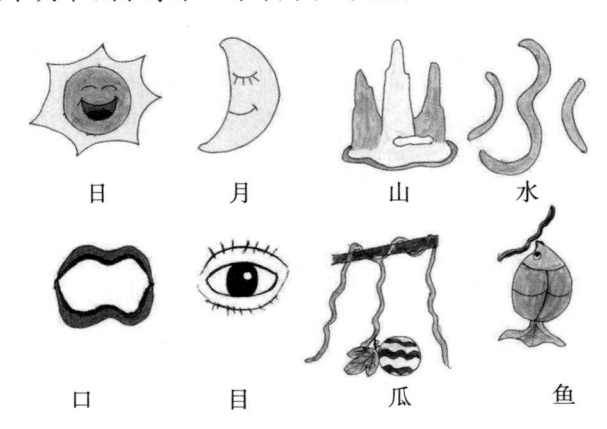

日　月　山　水

口　目　瓜　鱼

2.指事法。用象征性的符号或在图形上加指示性符号来表示意义。

例如:"刀"上加点就是"刃";"凶"就是陷阱里打"×"号;"上"与"下",以一条横线为分界,再加上"卜","卜"在上方就为"上",在下方就为"下"。

刃　　凶　　上　　下

3.会意法。把两个或两个以上的字,按意义合在一起,表示新的意义。

例如:

信
一个人说到做到,
就是讲信用

男
在田地里
出力的人

休
一个人靠在
树上休息

4.形声法。用形旁和声旁拼合成新字的造字法,是在象形、指事、会意的基础上产生的。

例如:鹦、鸠、蝴、达、辽、园、草。

汉字的记忆方法主要有图解法、拆分法和类比法。

一、图解法

图解法主要用于记忆象形字和指事字。

记忆步骤:先将汉字形象化,再进行影像联想。

例如:

请读者用图解法记忆下面的汉字：

舌、虫、弓、火、门、雨、云。

二、拆分法

拆分法主要用于记忆会意字和形声字。

记忆步骤：先理解生字的意思和读音，然后从生字中找出自己熟知的部分，再将自己熟知的部分和读音串联成一个故事画面，最后准确还原出原字词。

例如：

生字	读音	拆分	联想
羰 tāng	汤	"羊"和"炭"	一只羊被炭熬成了一锅汤
鸮 xiāo	萧	"号"和"鸟"	一只大号的鸟在吹箫
愨 què	雀	"壳"和"心"	把贝壳的心送给孔雀
柽 chēng	撑	"木"和"圣"	木头把一位圣人支撑起来了
憝 duì	对	"敦"和"心"	敦厚的人内心的想法一般都是对的
藠 jiào	叫	"艹"（草字头）和三个"白"	草地里的三只白兔都在大叫
羴 shān	膻	三个"羊"	三只羊在一起味道特别膻

续表

生字	读音	拆分	联想
犇	bēn 奔	三个"牛"	三头牛在狂奔

三、类比法

类比法属于归类记忆法。比如，当遇到意思相近、外形相近或主题相近的字时，先总结归类，再进行对比记忆。

记忆步骤：先归类生字，再找出相同点或不同点，最后进行影像联想。

如：

生字	联想
又(yòu)、双(shuāng)、叒(ruò)、叕(zhuó)	"又"和"双"大家都认识。由"叒"联想到"我又又又变弱了"（弱是读音）；由"叕"联想到"好事成双又成双，这样就变得非常卓越了"（卓是读音）
火(huǒ)、炎(yán)、焱(yàn)、燚(yì)	"火"和"炎"大家都认识。"焱"是"三把火"，说明火焰很高（焰是读音）；"燚"是"四把火"，火苗都溢出来了（溢是读音）
水(shuǐ)、沝(zhuǐ)、淼(miǎo)、㵘(màn)	"水"大家都认识。由"沝"联想到两个水追尾了（追是近似读音）；由"淼"联想到"我喝三杯水只用了一秒钟"（秒是读音）；"㵘"是"四个水"，水都漫出来了（漫是读音）
孑(zǐ)、孒(jié)、孓(jué)	"子"大家都认识。"孑"是横向上提，想象孩子在上面拦截你（截是读音）；"孓"是横向下撇，想象孩子在下面挖掘深坑（掘是读音）
旮(gā)、旯(lá)	编成口诀"九日日九"，这样就不会混了

针对不同的汉字类型，我们可以选用不同的记忆方法，合适的方法才是最好的方法。当我们掌握这三种方法后，就可以使用生字记忆万能公式了。

生字万能公式：

首先，理解生字的读音和意思；其次，观察生字结构，选择对应的方法；再次，将自己熟知的部分按顺序串联成一个故事画面；最后，准确还原出原字词。

第二节　词语记忆

我们理解事物的基本单元是词语，比如太阳、大脑、教师、快乐等。词语记忆是中文类信息记忆的基础。能记住词语，就能记住句子、段落、文章、学科知识点，甚至是一本书的全部内容。所以词语记忆是中文类信息记忆的基础，必须要熟练掌握。词语记忆主要有串联法、编码法和地点法。

一、串联法

要使用词语串联法，需要先掌握上篇介绍的出图法、关联法和串联法三种方法。词语串联法用于记忆并列类信息，如唐宋八大家、八国联军、东南亚十国等。我们这里先用无逻辑的词语做练习。

记忆步骤：先出图，使用出图法，将每个词转化为形象生动的画面；再串联，使用串联法，把词语串联成一个故事；最后还原词，回忆联想的画面，准确地复述出原词。

例如：

沙子	错误	义工	熊猫	地下	运送	被子	蚂蚁	孩子	病人
汉堡	帽子	报纸	鸭子	火车	猛击	地板	书包	剪刀	植物

我的想象：

先出图。"沙子"想沙滩的沙子；"错误"想大红叉号；"义工"想穿着爱心衣服的义工；"熊猫"想功夫熊猫；"地下"想地下停车场；"运送"想一辆拉货的车；"被子"想自己家里的被子；"蚂蚁"想一群蚂蚁；"孩子"想一个小男孩；"病人"想卧床的病人；"汉堡"想麦辣鸡腿堡；"帽子"想自己最喜欢的帽子；"报纸"想一张报纸；"鸭子"想一群鸭子；"火车"想一辆高铁；"猛击"想用一个大拳头打；"地板"想木地板；"书包"就想书包；"剪刀"想一把很大的剪刀；"植物"想一盆仙人掌。

再联想。沙子打了个大红叉；大红叉画在义工身上；义工背着熊猫；熊猫跑到地下停车场；地下停车场有辆货车在运送货物；货车里塞满了被子；

用被子抽打蚂蚁；蚂蚁爬到了孩子身上；孩子照顾一位病人；病人吃汉堡；汉堡放在帽子里；帽子打烂了一张报纸；报纸盖在一群鸭子上；鸭子排队上了火车；火车里有个人猛击地板；地板裂了漏出书包来；书包里装着一把剪刀；剪刀修剪植物。

后还原。脑海中想着联想的画面，背诵或默写刚刚记忆的词语，检查有没有出错的地方。

按照串联法的记忆步骤，先将每个词转化为形象生动的画面。

沙子
沙滩的沙子

错误
大红叉号

义工
穿着爱心的衣服的义工

熊猫
功夫熊猫

地下
地下停车场

运送
一辆拉货的车

被子
自家的被子

蚂蚁
一群蚂蚁

孩子
一个小男孩

病人
卧床的病人

汉堡
麦辣鸡腿堡

帽子
自己最喜欢的帽子

报纸
一张报纸

鸭子
一群鸭子

火车
一列高铁

猛击
一个大拳头

地板	书包	剪刀	植物
木地板	一个书包	一把很大的剪刀	一盆仙人掌

然后将词语串联成一个故事：

沙滩的沙子上打了个大红叉。大红叉画在义工身上，义工背着熊猫。熊猫跑到地下停车场，地下停车场有辆货车在运送货物，货车里塞满了被子。用被子扑打蚂蚁，蚂蚁爬到了孩子身上。孩子照顾一位卧床的病人，病人吃汉堡，汉堡放在帽子里。帽子打烂了一张报纸，报纸盖在一群鸭子上。鸭子排队上了火车，火车里有个人猛击地板，地板裂了漏出书包来。书包里装着一把很大的剪刀，用剪刀修剪植物。

最后，在脑海中想着联想的画面，背诵或默写刚刚记忆的词语，检查有没有出错的地方。

请用串联法练习记忆下面的词语：

荔枝	作家	尺子	水牛	摩托车	垃圾	大堂	橙子	棒棒糖	猴子
蜗牛	帐篷	小跑	刀片	靴子	建筑师	种子	手机	蜜蜂	到达

你的想象：_____

地球	打火机	奶茶	优盘	马自达	病逝	芒果	田螺	辣椒	茶叶
羽绒被	尿布	冰箱	牧师	黑猪	坚固	蝎子	血浆	工人	航空母舰

你的想象：_____

保龄球	流浪汉	手套	鲜血	海绵	床铺	九层塔	银蛇	汽水	咸鸭蛋
军事	山丘	挣扎	头	熊	餐具	苦杏仁	赔款	手表	教授

你的想象：_____

国王	箭猪	女儿	画眉	尾巴	大白菜	鱼雷	自助餐	西装	章鱼
果实	脸盆	醋	冷饮	金针	睡衣裤	刮胡刀	牛肉	避开	菠萝

你的想象：_____

二、编码法

使用词语编码法的前提是掌握上篇介绍的出图法、关联法和编码法。词语编码法适用于记忆顺序类信息，如三十六计、六十四卦、国土面积由大到小的国家、中国历史朝代等。我们这里先用无逻辑的词语做练习。

记忆步骤：先出图，使用出图法，将每个词转化为形象生动的画面；再联结，使用关联法，把词语和数字编码联系起来；最后还原词，通过数字编码回忆联想的画面，准确地复述出原词。

例如：

用数字编码01~10记忆国土面积排名前十的国家。

排名	数字编码	国家	出图	联想
1	衣	俄罗斯	螺丝	衣服被螺丝钉住了
2	鹅	加拿大	架子	大鹅被绑在架子上烤
3	山	中国	长城	山上绵延着长城
4	尸	美国	美女	僵尸咬一个美女
5	舞	巴西	爸爸拉稀	爸爸一边跳舞一边拉稀

111

续表

排名	数字编码	国家	出图	联想
6	牛	澳大利亚	袋鼠	一头牛撞倒了袋鼠
7	漆	印度	硬肚	把油漆刷在坚硬的肚子上
8	耙	阿根廷	梅西	用耙子追打梅西
9	酒	哈萨克斯坦	萨克斯	我喝多了酒,吹萨克斯
10	石	阿尔及利亚	耳机	我用石头砸烂了耳机

接下来,请你自己尝试用数字编码11~20记忆世界十大高峰:

1.珠穆朗玛峰	2.乔戈里峰	3.干城章嘉峰	4.洛子峰	5.马卡鲁峰
6.卓奥友峰	7.道拉吉里峰	8.马纳斯鲁峰	9.南伽帕尔巴特峰	10.安纳布尔纳峰

用数字编码21~30记忆世界十大最长河流:

1.尼罗河	2.亚马孙河	3.长江	4.密西西比河	5.叶尼塞河
6.黄河	7.鄂毕河	8.澜沧江—湄公河	9.拉普拉塔河—巴拉那河	10.刚果河

三、地点法

要使用词语地点法要先掌握上篇介绍的出图法、关联法和地点法。词语地点法适用于记忆篇幅较大的信息。我们这里先用无逻辑的词语做练习。

记忆步骤:先出图,使用出图法,将每个词语转化为形象生动的画面;再联结,使用关联法,把两个词语联系起来;最后定桩,使用地点法,把词语联想的画面和地点桩联系起来。

用地点法记忆下列词语:

护城河	梨	窗口	粉碎	波浪	女儿	耳朵	睫毛	火焰	小河
驴	岩石	帆船	肉	机器人	发动机	墙板	果冻	项链	珊瑚

我们再次用第五章第一节"宫殿地点"部分介绍的宫殿案例的第一、二区来记忆。注意,每个地点记忆两个词语。

第一区：洗手间。

①拖把
②收纳架
③暖气片
④马桶
⑤洗手池

拖把——护城河、梨：拖把上护城河冲刷梨。

收纳架——窗口、粉碎：收纳架上有个窗口被粉碎了。

暖气片——波浪、女儿：想象波浪把女儿拍在暖气片上。

马桶——耳朵、睫毛：马桶上有个大耳朵，耳朵上长出很多睫毛。

洗手池——火焰、小河：想象洗手池里火焰把小河给烤干了。

第二区：书房。

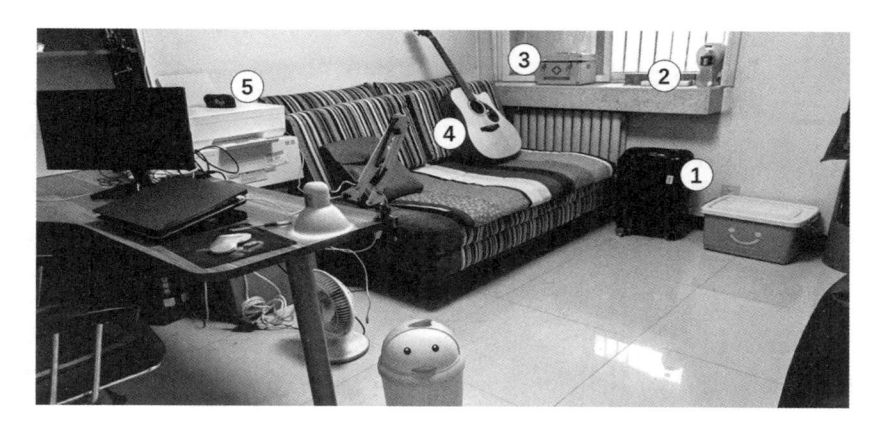

①拉杆箱
②窗台
③医药箱
④吉他
⑤打印机

拉杆箱——驴、岩石：拉杆箱里面的驴在用脚踹岩石。

窗台——帆船、肉：窗台上放着一辆帆船，帆船里装满了肉。

医药箱——机器人、发动机：想象医药箱旁有个机器人在维修发动机。

吉他——墙板、果冻：想象用墙板砸吉他上的果冻。

打印机——项链、珊瑚：打印机上项链缠绕着珊瑚。

第三区：客厅。

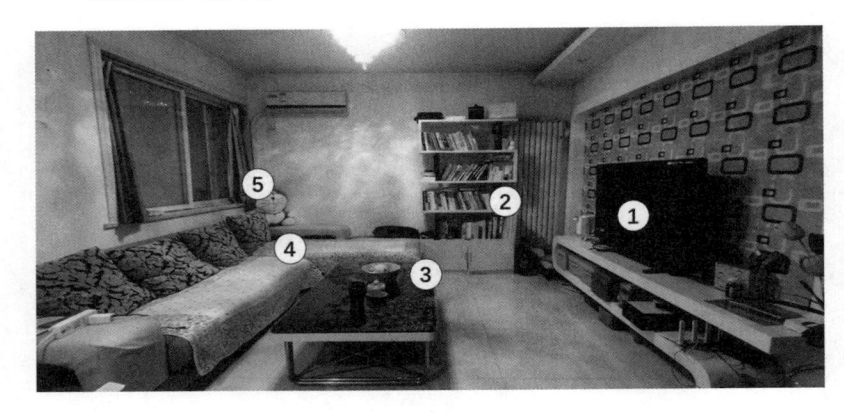

①电视
②书架
③茶几
④沙发
⑤毛绒玩具

请尝试用第三区的地点记忆下列词语：

| 西游记 | 丰厚 | 需要 | 幼儿园 | 卡片 | 电邮 | 歹毒 | 注意力 | 和睦 | 洗脚 |

第三节　成语记忆

词语记忆中较难的是记忆成语，因此我们将成语单设一节进行讲授。成语记忆法主要有串联+场景法、编码+部位法、地点法。

一、串联+场景法

运用串联+场景法建立在掌握上篇介绍的出图法、关联法、串联法和情景法四种方法的基础上。

记忆步骤：先出图，使用出图法，将每个词转化为形象生动的画面；再串联，使用串联法，把成语串联成一个故事；然后融入场景，根据材料内容灵活融入场景；最后还原词，回忆联想的画面，准确地复述出原词。

例如：

| 自以为是 | 马到成功 | 风和日丽 | 快言快语 | 面目全非 |
| 安居乐业 | 满面春风 | 长年累月 | 一事无成 | 百花齐放 |

第一步依然是出图，成语出图，除了实物，还可能出场景图，所以在联想串联故事中有时需要实物和场景一起想象。以下是我根据成语出的图：

成语	出图	成语	出图
自以为是	一个人昂着头	安居乐业	在房子里快乐工作
马到成功	一匹马比着剪刀手	满面春风	一个人一脸得意的样子
风和日丽	蓝天+太阳	长年累月	钟表转了很久
快言快语	一个人语速很快	一事无成	一个人穿着破衣服
面目全非	一个人脸上没有五官	百花齐放	很多花在绽放

将材料内容融入场景，然后串联成一个故事：

一个人昂着头看到一匹马比着剪刀手。这匹马飞奔到风和日丽的地方，说着快言快语，把一个人说得都面目全非了。这个面目全非的人很安居乐业，笑得满面春风，不知不觉地过去了很长的年月（长年累月），他发现自己一事无成，于是跑到百花里，看到百花齐放。

最后，在脑海中想着故事的画面，背诵或默写刚刚记忆的成语，检查有没有出错的地方。

请用串联+场景法练习下面的词语：

出奇制胜	出其不意	才华横溢	长驱直入	得意扬扬
短兵相接	风调雨顺	飞沙走石	光明磊落	欢天喜地

你的想象：_____

柳暗花明	良药苦口	美不胜收	水滴石穿	热血沸腾
鸡毛蒜皮	惊涛骇浪	交头接耳	披星戴月	枪林弹雨

你的想象：_____

二、编码+部位法

编码+部位法的使用构筑在掌握上篇介绍的出图法、关联法、编码法和部位法四种方法的基础上。

记忆步骤：先找部位，在数字编码对应的图像中找合适数量的部位，一般建议找五个；再出图，使用出图法，将每个词转化为形象生动的画面；然后联结，使用关联法，把成语和数字编码部位联系起来；最后还原词，通过数字编码回忆联想的画面，准确地复述出原词。

例如：

（一）衣（1的数字编码）

| 一路平安 | 一技之长 | 一笔勾销 | 一心一意 | 一诺千金 |

①衣领
②右袖子
③左袖子
④衣服中间
⑤衣服下摆

将记忆内容出图后与部位联系起来：

成语	出图	联想
一路平安	一条平坦的路	从衣领中钻出一条路
一技之长	一个人表演绝活	一个人用右袖子表演绝活
一笔勾销	用一支笔打钩	用一支笔在左袖子上打钩
一心一意	一颗心	一颗心在衣服中间跳动
一诺千金	一张嘴里有一千元	一张嘴把里面的一千元吐到衣服下摆上

（二）鹅（2的数字编码）

| 对答如流 | 挥金如土 | 铁证如山 | 度日如年 | 心急如焚 |

①嘴
②背
③尾
④肚
⑤脚

将记忆内容出图后与部位联系起来：

成语	出图	联想
对答如流	回答很流畅	鹅的嘴巴对答如流
挥金如土	撒钱	鹅背上的很多钱都撒出去了
铁证如山	铁上面写着证据	鹅的尾巴在铁上写证据
度日如年	肚子上有个太阳	鹅肚子上有个太阳
心急如焚	心脏被焚烧	鹅的脚踩着一颗焚烧的心

请你尝试用3、4的数字编码记忆下面两组成语。

巧舌如簧	如雷贯耳	如履薄冰	如日中天	势如破竹
稳如泰山	骨瘦如柴	爱财如命	暴跳如雷	红叶似火

除了数字编码外，所有动物、植物、物品、工具等都可以找部位。比如记忆与老虎相关的成语，就可以用老虎部位辅助记忆；记忆与天气相关的成语，就可以用梅兰竹菊的部位辅助记忆。各位读者朋友一定要学会举一反三，这样方法应用起来才会得心应手！

三、地点法

使用词语地点法前需要掌握上篇介绍的出图法、关联法和地点法三种

117

方法。

记忆步骤：先出图，使用出图法，将每个成语转化为形象生动的画面；再联结，使用关联法，把两个成语联系起来；最后定桩，使用地点法，把词语联想的画面和地点桩联系起来。

用地点法记忆下列词语：

怒发冲冠	一日千里	百发百中	不毛之地	胆大包天
寸步难行	一步登天	胡言乱语	调兵遣将	手舞足蹈

我们继续使用第五章第一节"宫殿地点"部分介绍的宫殿案例的第五区来记忆。同样，一个地点记忆两个成语。

第五区：卧室。

①床头柜
②床
③空调
④推拉门
⑤梳妆台

床头柜——怒发冲冠、一日千里：床头柜绊倒了你，你一下怒发冲冠，帽子飞出了千里。

床——百发百中、不毛之地：你在床上射箭百发百中，发现床是不毛之地。

空调——胆大包天、寸步难行：有个人胆大包天地偷空调，偷了之后寸步难行。

推拉门——一步登天、胡言乱语：你想从推拉门上一步登天，别人都说你胡言乱语。

梳妆台——调兵遣将、手舞足蹈：你在梳妆台上调兵遣将，将士都在手舞足蹈。

请你自己尝试用地点法记忆下列成语：

魂飞魄散	狐群狗党	人山人海	丢盔弃甲	呼风唤雨
虎背熊腰	甜言蜜语	长年累月	自由自在	花言巧语

从自己家的卧室找五个地点。

你的想象：_____

_____

_____

_____

流言蜚语	崇山峻岭	眉飞色舞	昂首挺胸	惊慌失措
奋不顾身	肝胆相照	两袖清风	卖国求荣	顶天立地

从自己家的客厅找五个地点。

你的想象：_____

_____

_____

_____

第十二章 文章记忆

本章节将为大家详细讲解文章的记忆，主要用到了上篇中讲到的出图法、关联法、串联法、编码法、地点法以及部位法。我们将从古诗记忆、古文记忆、现代文记忆三个部分，由易到难地为大家讲解。请大家边讲边练，从而扎实地掌握记忆系统。在学习之前，先复习以上提到的几种记忆方法，学习效果更佳。

第一节 古诗记忆

一、串联法

古诗的类型有很多种，对于一些图像感很强的古诗，我们可以采用串联法记忆。一般采用两种方式，一种是全句串联记忆，将每句古诗中凡是能出图的字词全部按顺序串联，可以理解为把古诗当作词语来记；另一种是关键词串联，就是将古诗中每句诗的开头串联起来或者将每句诗的开头与结尾、结尾与下一句诗的开头、下一句诗的开头再与结尾串联，以此类推，全部串联起来。

（一）全句串联记忆

例如：

天净沙·秋思

元·马致远

枯藤老树昏鸦，小桥流水人家，古道西风瘦马。夕阳西下，断肠人在天涯。

第一步，熟悉一遍（了解古诗意思，解决生僻字词）。

【字词解释】

枯藤：枯萎的枝蔓。

昏鸦：黄昏时归巢的乌鸦。昏：傍晚。

人家：农家。此句写出了诗人对温馨家庭的渴望。

古道：已经废弃，不堪再用的古老驿道（路）或年代久远的驿道。

西风：寒冷、萧瑟的秋风。

瘦马：瘦骨如柴的马。

断肠人：形容伤心悲痛到极点的人，此处指漂泊天涯、极度忧伤的旅人。

天涯：远离家乡的地方。

【译文】

天色黄昏，一群乌鸦落在枯藤缠绕的老树上，发出凄厉的哀鸣。小桥下流水哗哗作响，小桥边庄户人家炊烟袅袅。古道上一匹瘦马，顶着西风艰难地前行。夕阳渐渐地失去了光泽，从西边落下。凄寒的夜色里，只有孤独的旅人漂泊在遥远的地方。

第二步，分句。将古诗分成多句进行记忆，一般按"，"或"。"来分。

枯藤老树昏鸦，/小桥流水人家，/古道西风瘦马。/夕阳西下，/断肠人在天涯。/

第三步，出影像。将每句古诗中容易出影像的关键字词找出并出影像。

| 枯藤老树昏鸦 | 小桥流水人家 | 古道西风瘦马 | 夕阳西下 | 断肠人在天涯 |

第四步，串联诗句。将每句诗的影像按照顺序进行串联。

枯藤长在老树上，老树上落着一只昏鸦。昏鸦飞到小桥上，小桥下面的流水流到了一户人家。人家门口有一条古道，古道上刮起了西风。西风吹跑了瘦马，瘦马在追夕阳。夕阳从西边落下，有一位断肠人在浪迹天涯。

第五步，看原文。依据串联影像还原整首诗。

按顺序回忆刚刚串联的画面，并根据句意还原整句。

第六步，加工错漏。哪一句不准确，就加工哪一句。

还原整句时，如果哪一句不熟练，或者忘记了，我们就把那一句的画面重新加工，直到可以顺利背诵。

（二）关键词串联记忆

例如：

马 诗

唐·李贺

大漠沙如雪，燕山月似钩。

何当金络脑，快走踏清秋。

第一步，熟悉一遍。了解古诗意思，解决生僻字词。

【字词解释】

大漠：广大的沙漠。

燕山：在河北省。一说为燕然山，即今杭爱山，在蒙古国西部。

钩：古代兵器。

何当：何时。

金络脑：即金络头，用黄金装饰的马笼头。

踏：走，跑。此处有"奔驰"之意。

清秋：清朗的秋天。

【译文】

平沙万里，在月光下像铺上一层白皑皑的霜雪。连绵的燕山山岭上，一弯明月当空，如弯钩一般。

何时才能受到皇帝赏识，给我这匹骏马佩戴上黄金打造的辔头，让我在秋天的战场上驰骋，立下功劳呢？

第二步，分句。将古诗分成多句进行记忆，一般按"，"或"。"来分。

大漠沙如雪，/燕山月似钩。/

何当金络脑，/快走踏清秋。/

第三步，找出线头。找出每句诗开头与结尾的关键词。

大漠——沙如雪——燕山——月似钩——何当——金络脑——快走——踏清秋

第四步，出影像。将每句古诗中容易出影像的关键字词找出并出影像。

| 大漠 | 沙如雪 | 燕山 | 月似钩 |
| 何当 | 金络脑 | 快走 | 踏清秋 |

第五步，串联诗句。将线头影像按照顺序进行串联。

大漠上的沙子像雪花一样。雪花落在了燕山上。在燕山上看到月亮像弯钩一样。一条河挡住了去路，河水反光中看到了金子做的马笼头，抓紧马笼头飞快地行走，踏着秋天的景色。

第六步，看原文。依据串联影像还原整首诗。

按顺序回忆刚刚串联的画面，并根据句意还原整句。

第七步，加工错漏。哪一句不准确，就加工哪一句。

还原整句时，如果哪一句不熟练，或者忘记了，我们就把哪一句的画面重新加工，直到可以顺利背诵。

二、画图法

此方法主要针对画面感、情景感很强烈的古诗，一般小学三年级以下的学生用得比较多。画图法就是根据每句诗的内容和意境把自己脑海中浮现出的画面，以图画的方式呈现出来，以此来帮助我们记忆，通常以简笔画居多。

记忆步骤：

风

唐·李峤

解落三秋叶，能开二月花。

过江千尺浪，入竹万竿斜。

第一步，熟悉一遍。了解古诗意思，解决生僻字词。

【字词解释】

解落：懂得吹落。解：懂得，知道。

三秋：秋季。一说指农历九月。

能：能够。

二月：农历二月，指春季。

过：经过。

斜：倾斜。

【译文】

能吹落秋天金黄的树叶，能吹开春天美丽的鲜花。

刮过江面能掀千尺巨浪，吹进竹林能使万竿倾斜。

第二步，找出每句诗的关键词。

三、叶、二、花、千尺、浪、竹。

第三步，画出关键图像。

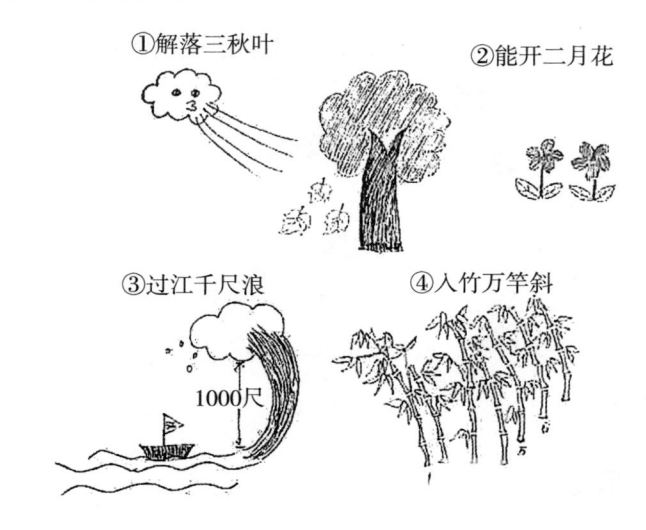

①解落三秋叶　　②能开二月花

③过江千尺浪　　④入竹万竿斜

第四步，联系关键图像。

将四幅图像通过联想，串联成一个连贯的图像或者故事情节。

第五步，看原文。依据图像还原整首诗。

按顺序回忆刚刚串联的画面，并根据句意还原整句。

第六步，加工错漏。哪一句不准确，就加工哪一句。

还原整句时，如果哪一句不熟练，或者忘记了，我们就把那一句的画面重新加工，直到可以顺利背诵。

三、配图法

此方法适合中高年级的同学。我们学习古诗的时候会发现，很多古诗旁会有一幅或多幅配图，这时我们就可以借助这些配图进行记忆。一般我们会在配图中寻找合适的位置作为地点来进行记忆。

记忆步骤：

元　日

宋·王安石

爆竹声中一岁除，春风送暖入屠苏。

千门万户曈曈日，总把新桃换旧符。

第一步，熟悉一遍。了解古诗意思，解决生僻字词。

【字词解释】

元日：农历正月初一，即春节。

爆竹：古人用烧竹子时竹子爆裂发出的响声来驱鬼避邪，后来演变成放鞭炮。

除，逝去。

屠苏：亦作"屠酥"。"屠苏"本来是一种阔叶草，南方民间有的房屋上画了屠苏草作为装饰，这种房屋就叫作"屠苏"。另一种说法是指屠苏酒。饮屠苏酒也是古代过年时的一种习俗。大年初一全家合饮这种用屠苏草浸泡的酒，以驱邪避瘟疫，求得长寿。

千门万户：形容门户众多，人口稠密。

成为记忆高手：和死记硬背说拜拜

瞳瞳：日出时光亮而温暖的样子。

桃：桃符。古代有一种风俗，农历正月初一时人们在桃木板上写神荼、郁垒两位神灵的名字，悬挂在门旁，用来压邪。也作春联。

【译文】

爆竹声中旧的一年已经过去，迎着和暖的春风开怀畅饮屠苏酒。初升的太阳照耀着千家万户，都把旧的桃符取下换上新的桃符。

第二步，找出线头出影像。找出每句诗句首的关键词，并出影像。

| 爆竹声 | 春风送暖 | 千门万户 | 新桃换旧符 |

第三步，找插图地点。在古诗旁的配图中找出合适的地点。

第四步，将线头影像与地点联系。将每句古诗中的线头影像与配图地点联系起来。

①鞭炮：鞭炮爆炸，记住"爆竹声中"。

②小女孩：小女孩的脸被春风吹红了，记住"春风送暖"。

③门：记住"千门万户"。

④灯笼：灯笼上贴满了新的桃符，记住"总把新桃"。

第五步，看原文。依据线头还原整首诗。

第六步，加工错漏。哪一句不准确，就加工哪一句。

四、地点法

此方法可以用来记忆任意古诗。其用法也非常简单，就是利用足够的地点，牢记每句古诗中的关键词，从而记忆整首古诗。

记忆步骤：

江畔独步寻花

唐·杜甫

黄四娘家花满蹊，千朵万朵压枝低。

留连戏蝶时时舞，自在娇莺恰恰啼。

第一步，熟悉一遍。了解古诗意思，解决生僻字词。

【字词解释】

江畔：江边。

独步寻花：独自一人一边散步，一边找花欣赏。

黄四娘：杜甫住在成都草堂时的邻居。

蹊：小路。

留连：同"流连"，即留恋，舍不得离去。

时时：时常。

自在：自由，无拘无束地。

娇：可爱的。

恰恰：形容鸟叫声和谐动听。

啼：（某些鸟类）叫。

【译文】

黄四娘家周围的小路开满鲜花，千万朵花朵将枝条压到地面。嬉闹的彩蝶在花间盘旋飞舞，不舍离去，自由自在的小黄莺叫声悦耳动人。

第二步，找线头出影像。找出每一句中最重要的关键词，一般为句首1~4

个字。

黄四娘家——千朵万朵——留连戏蝶——自在娇莺

第三步，准备对应数量的地点。根据线头数量选择合适的地点。

①门
②鞋柜
③餐桌
④玻璃门

第四步，线头与地点联系。将线头影像与地点依次紧密联系。

门——黄四娘家：这就是黄四娘家的门。

鞋柜——千朵万朵：这里开着千朵万朵美丽的花。

餐桌——留连戏蝶：餐桌上，你在和蝴蝶嬉戏。

玻璃门——自在娇莺：娇莺在这里很自在。

第五步，看原文。依据线头，分组还原整句。

第六步，加工错漏。哪一句不准确，就加工哪一句。

第二节　古文记忆

相较于古诗，古文规律较少、字数更多，记忆难度更大。因此我们在记忆古文时会用到一个重要的思想，即化整为零、化繁为简，就是将大段文字拆分成小节，再将小节拆分成句子，然后找出句中关键词进行记忆。记忆古文通常有两种方式，一种是串联法，针对图像感强烈、规律较多的古文；另一种是地点法，也是古文记忆中用得最多的方法，它适用于任何一篇古文。

一、串联法

记忆步骤：

答谢中书书

南北朝·陶弘景

山川之美，古来共谈。高峰入云，清流见底。两岸石壁，五色交辉。青林翠竹，四时俱备。晓雾将歇，猿鸟乱鸣；夕日欲颓，沉鳞竞跃。实是欲界之仙都。自康乐以来，未复有能与其奇者。

第一步，熟悉一遍。了解文章意思，解决生僻字词。

【字词解释】

答：回复。

谢中书：即谢徵（一说谢微），字元度，陈郡阳夏（河南太康）人。曾任中书鸿胪（掌管朝廷机密文书），所以称为谢中书。

书：即书信，古人的书信又叫"尺牍"或"信札"，是一种应用性文体，多记事陈情。

山川：山河。

之：的。

共谈：共同谈赏的。

五色交辉：这里形容石壁色彩斑斓。五色，古代以青黄黑白赤为正色。交辉，指交相辉映。

青林：青葱的树林。

翠竹：翠绿的竹子。

四时：四季。

俱：都。

歇：消。

乱：此起彼伏。

夕日欲颓：太阳快要落山了。颓，坠落。

沉鳞竞跃：潜游在水中的鱼争相跳出水面。沉鳞，潜游在水中的鱼。竞跃，竞相跳跃。

实：确实，的确。

欲界之仙都：即人间仙境。欲界，佛家语，佛教把世界分为欲界、色界、无色界。欲界是没有摆脱世俗的七情六欲的众生所处的境界，即指人间。仙都，仙人生活的美好世界。

康乐：指南朝著名山水诗人谢灵运，他继承他祖父的爵位，被封为康乐公。

复：又。

与：参与，这里有欣赏领略之意。

奇：指山水之奇异。

【译文】

山川景色的美丽，自古以来就是文人雅士共同欣赏赞叹的。巍峨的山峰耸入云端，明净的溪流清澈见底。两岸的石壁色彩斑斓，交相辉映。青葱的林木，翠绿的竹丛，四季常存。清晨的薄雾将要消散的时候，传来猿、鸟此起彼伏的鸣叫声；夕阳快要落山的时候，潜游在水中的鱼儿争相跳出水面。这里实在是人间的仙境啊。自从南朝的谢灵运以来，就再也没有人能够欣赏这种奇丽的景色了。

第二步，分句。化整为零，将古文按照记忆节奏分成以句为单位的模块。

山川之美，/古来共谈。/高峰入云，/清流见底。/两岸石壁，/五色交辉。/青林翠竹，/四时俱备。/晓雾将歇，/猿鸟乱鸣；/夕日欲颓，/沉鳞竞跃，/实是欲界之仙都，/自康乐以来，/未复有能与其奇者。

第三步，找线头出影像。找出每一句中最重要的关键词，一般为句首1~4个字。

第十二章 文章记忆

山川之美	古来共谈	高峰入云	清流见底
两岸石壁	五色交辉	青林翠竹	四时俱备
晓雾将歇	猿鸟乱鸣	夕日欲颓	沉鳞竞跃
实是、仙都	 自康乐	 未复有	

第四步，串联线头。将线头按照顺序进行串联。

山川景色美丽，古人一起来交谈。古人在谈论很高的山峰嵌入云端，从云端看到溪流清澈见底。河流冲向两岸的石壁，石壁有五种颜色互相辉映。五种颜色中的青色，画出了一片树林。青色的树木与翠绿的竹子，一年四季都有。一年四季早晨都有雾气，早晨雾散的时候猿猴和鸟在乱叫。猿猴和鸟一直叫到夕阳快要落山才停下。太阳快要落山的时候，水中鱼儿跳出水面。鱼儿跳出水面来到了仙都。仙都的人都很健康快乐，虽然健康快乐但是还不富有（未复有）。

第五步，看原文。依据线头还原整句。

131

按顺序回忆刚刚串联的画面,并根据句意还原整句。

第六步,加工错漏。哪一句不准确,就加工哪一句。

还原整句时,如果哪一句不熟练,或者忘记了,我们就把那一句的画面重新加工,直到可以顺利背诵。

二、配图法

记忆步骤:

精卫填海(节选)

是炎帝之少女,名曰女娃。女娃游于东海,溺而不返,故为精卫,常衔西山之木石,以堙于东海。

第一步,熟悉一遍。了解文章意思,解决生僻字词。

【字词解释】

精卫:神话中鸟的名字。形状像乌鸦,头上有花纹,白色的嘴,红色的脚,传说是炎帝小女儿溺水身亡后的化身。

少女:小女儿。

溺:淹没在水里。

堙:填塞。

【译文】

炎帝的小女儿名叫女娃。有一次,女娃去东海游玩,溺水身亡,再也没有回来,因此化为精卫。精卫经常叼着西山上的树枝和石块,用来填塞东海。

第二步,分句。化整为零,将古文按照记忆节奏分成以句为单位的模块。

炎帝之少女,名曰女娃。/女娃游于东海,/溺而不返,故为精卫,/常衔西山之木石,/以堙于东海。

第三步,找线头出影像。找出每一句中最重要的关键词,一般为句首1~4个字。

炎帝之少女，名曰女娃　　　　**女娃**游于东海　　　　　　**溺而不返**，故为精卫

常衔西山之木石　　　　以**堙**于东海

第四步，选择配图并找出对应数量的位置。在配图中按照一定顺序寻找位置。

第五步，将位置与线头联系。将线头影像与配图位置依次紧密联系。

女孩——炎帝之少女：这个女孩就是炎帝的小女儿。

海——女娃：这就是东海。

鸟——溺而不返：这只鸟溺水了，没有返回。

山——常衔：有只鸟常来山上衔木石。

沙滩——堙于东海：沙滩就是已经填塞的东海。

第六步，看原文。依据线头还原整句。

按配图位置回忆线头，确保正背、倒背都没有问题，然后根据句意还原整句古文。

第七步，加工错漏。哪一句不准确，就加工哪一句。

还原整句时，如果哪一句不熟练，或者忘记了，我们就把那一句的画面重新加工，直到可以顺利背诵。

三、地点法

记忆步骤：

少年中国说（节选）
梁启超

少年智则国智，少年富则国富；少年强则国强，少年独立则国独立；少年自由则国自由；少年进步则国进步；少年胜于欧洲，则国胜于欧洲；少年雄于地球，则国雄于地球。

红日初升，其道大光。河出伏流，一泻汪洋。潜龙腾渊，鳞爪飞扬。乳虎啸谷，百兽震惶。鹰隼试翼，风尘翕张。奇花初胎，矞矞皇皇。干将发硎，有作其芒。天戴其苍，地履其黄。纵有千古，横有八荒。前途似海，来日方长。美哉我少年中国，与天不老！壮哉我中国少年，与国无疆！

第一步，熟悉一遍。了解文章意思，解决生僻字词。

【字词解释】

其道大光：语出《周易·益》："自上下下，其道大光。"光，广大，发扬。

矞矞皇皇：语出《太玄经·交》："物登明堂，矞矞皇皇。" 形容光明盛大的样子。

干将发硎，有作其芒：意思是宝剑刚磨出来，锋刃大放光芒。干将，原是铸剑师的名字，这里指宝剑。硎，磨刀石。

【译文】

少年一代有智慧，国家就智慧；少年富足，国家就富足；少年强大，国家就强大；少年独立，国家就独立；少年自由，国家就自由；少年进步，国家就进步；少年胜过欧洲，国家就胜过欧洲；少年称雄于世界，国家就称雄于世界。

红日刚刚升起，道路充满霞光；黄河从地下冒出来，汹涌奔泻浩浩荡荡；潜龙从深渊中腾跃而起，它的鳞爪舞动飞扬；小老虎在山谷吼叫，所有的野兽都害怕惊慌，雄鹰隼鸟振翅欲飞，风和尘土高卷飞扬；奇花刚开始孕育蓓蕾，灿烂明丽茂盛茁壮；干将剑新磨，闪射出光芒。头顶着苍天，脚踏着大地，从纵的时间看有悠久的历史，从横的空间看有辽阔的疆域。前途像海一般宽广，未来的日子无限远长。美丽啊，我的少年中国，将与天地共存不老！雄壮啊，我的中国少年，将同祖国万寿无疆！

第二步，分句。化整为零，将古文按照记忆节奏分成以句为单位的模块。

第一小节：

少年**智**则国**智**，/少年**富**则国**富**；少年**强**则国**强**，/少年**独立**则国**独立**；少年**自由**则国**自由**；/少年**进步**则国**进步**；/少年**胜于欧洲**，则国胜于**欧洲**；少年**雄于地球**，则国雄于**地球**。

红日初升，其道**大光**。/**河出**伏流，一泻**汪洋**。/**潜龙**腾渊，**鳞爪**飞扬。/**乳虎**啸谷，**百兽**震惶。/**鹰隼**试翼，风尘**翕张**。/

第二小节：

奇花初胎，矞矞皇皇。/**干将**发硎，有作**其芒**。/**天戴**其苍，**地履**其黄，/**纵**有**千古**，横有**八荒**，/**前途**似海，**来日**方长。/**美**哉我少年中国，与天不老！/**壮**哉我中国少年，与国无疆！

第三步，找线头出影像。找出每一句中最重要的关键词，一般为句首1~4个字。

如上一步中加粗字体所示。

红日初升，
其道**大光**

河出伏流，
一泻**汪洋**

潜龙腾渊，
鳞爪飞扬

乳虎啸谷

百兽**震惶**

鹰隼试翼，
风尘翕张

奇花初胎，
矞矞皇皇

干将发硎，
有作**其芒**

天戴其苍，
地履其黄

纵有**千古**，
横有**八荒**

前途似海，
来日方长

成为记忆高手：和死记硬背说拜拜

第四步，准备对应数量的地点。根据线头数量选择合适的地点。

我们以"学校"为例，从校门口和校内小道中分别寻找5个地点来记忆第一小节，如下所示。

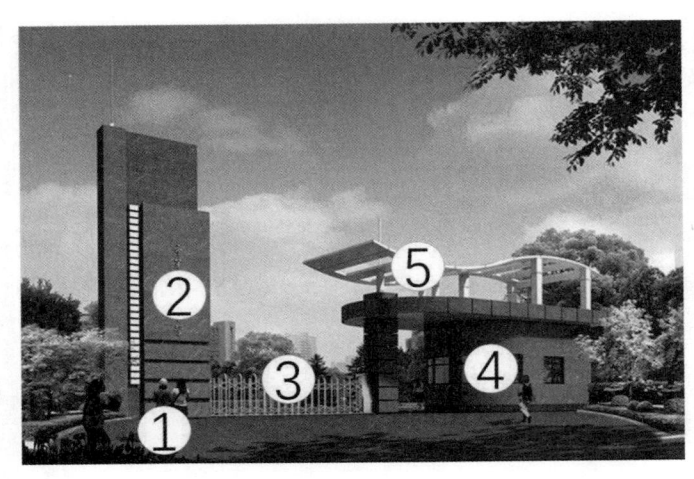

①地面
②金色的字
③电动门
④门卫室
⑤有设计感的屋顶

⑥椅子
⑦草地
⑧小道
⑨大树
⑩通道

第五步，线头与地点联系。将线头影像与地点依次紧密联系。

地面——智：在地面上站着的人都很有智慧。

金色的字——富、强：金色的字预示着富有与强大。

电动门——独立、自由：电动门可以独立、自由地移动。

门卫室——进步：门卫室的保安都在追求进步。

有设计感的屋顶——欧洲、地球：这是欧洲的建筑风格。

椅子——红日、大光：红日照到椅子上，发出光芒。

草地——河出、汪洋：草地上有条河，汇入汪洋。

小道——潜龙、鳞爪：地面上有一条潜伏的龙，张牙舞爪。

大树——乳虎、百兽：大树下有一只小老虎与百兽打闹。

通道——鹰隼、风尘：通道里老鹰在扇翅膀，激起很多尘土。

第六步，看原文。依据线头，分组还原整句。

以小节为单位，按照地点顺序回忆线头，确保正背、倒背都没有问题，然后根据句意还原整句古文，直到可以完整背出这个小节。以此类推完成所有小节的背诵，然后背诵整篇古文。

第七步，加工错漏。哪一句不准确，就加工哪一句。

还原整句时，如果哪一句不熟练，或者忘记了，我们就把那一句的画面重新加工，直到可以顺利背诵。

接下来请你按照以上步骤将第二小节的内容也背下来。你可以用上篇中介绍的记忆宫殿，也可以自己找一些地点来用。

第三节　现代文记忆

一、编码法

记忆步骤：

小桥流水人家（节选）

谢冰莹

一条清澈见底的小溪，终年潺潺地环绕着村庄。溪的两边，种着几棵垂柳。那长长的柔软的柳枝，随风飘动着，婀娜的舞姿是那么美，那么自然。有两三枝特别长的垂在水面上，画着粼粼的波纹。当水鸟站在它的腰上歌唱时，流水也唱和着，发出悦耳的声音。

第一步，熟悉一遍。了解文章大意，解决生僻字词。

潺潺（chán chán）、婀娜（ē nuó）、粼粼（lín lín）

第二步，分句。化整为零，将段落分成小句，一般以"。"为准。

分句没有标准，此处为了使大家更好地理解方法，分句会比较细，实际应用中可灵活调整。

一条清澈见底的**小溪**，/终年潺潺地**环绕着村庄**。/溪的**两边**，种着几棵**垂柳**。/那长长的柔软的**柳枝**，随风**飘动**着，/婀娜的舞姿是那么**美**，那么**自然**。/有两三枝特别**长的垂在水面上**，/**画着**粼粼的**波纹**。/当**水鸟站在**它的**腰上歌唱**时，/**流水**也唱和着，**发出**悦耳的**声音**。

第三步，找句子关键词。将句子中的重点字词找到。

一般情况下找主谓宾，其他情况找句子中的名词、动词以及可以使你更容易回忆整句话的词作为关键词。如上一步中加粗字体所示。

第四步，编码与关键词联系。数字编码与每一句关键词依次联系。

将数字编码与句子中的关键词进行紧密联系，这里一共分了9个短句，因此用到9个数字编码，我们就以01~09为例进行讲解。

数字	编码	关键词	记忆
1	衣	一条小溪	将衣服扔进一条小溪
2	鹅	环绕着村庄	鹅不停地环绕着村庄
3	山	两边种着垂柳	山的两边种着垂柳
4	尸	柳枝飘动着	僵尸拿着柳枝不停地飘动
5	舞	美，自然	跳舞的时候很美，很自然
6	牛	长的垂在水面上	最长的牛角垂在水面上
7	漆	画着波纹	用油漆画波纹
8	耙	水鸟站在腰上歌唱	水鸟站在耙子的腰上唱歌
9	酒	流水发出声音	把酒倒进流水中，发出了声音

第五步，看原文。根据编码对应的关键词还原整句话。

一边回忆编码，一边回忆关键字词，如果没有问题，就可以尝试将整个句子还原回去。

第六步，加工错漏。哪一句不准确，就加工哪一句。

哪一句回忆不起来，就将哪一句重新加工，重新记忆。

二、地点法

记忆步骤：

山中访友（节选）
李汉荣

这山中的一切，哪个不是我的朋友？我热切地跟他们打招呼：你好，清凉的山泉！你捧出一面明镜，是要我重新梳妆吗？你好，汩汩的溪流！你吟诵着一首首小诗，是邀我与你唱和吗？你好，飞流的瀑布！你天生的金嗓子，雄浑的男高音多么有气势。你好，陡峭的悬崖！深深的峡谷衬托着你挺拔的身躯，你高高的额头上仿佛刻满了智慧。你好，悠悠的白云！你洁白的身影，让天空充满宁静，变得更加湛蓝。喂，淘气的云雀，叽叽喳喳地在谈些什么呢？我猜你们津津乐道的，是飞行中看到的好风景。

第一步，熟悉一遍。了解文章大意，解决生僻字词。

汩汩（gǔ gǔ）、陡峭（dǒu qiào）、湛蓝（zhàn lán）

津津乐道：指很有兴趣地谈论。

第二步，分句。化整为零，将段落分成小句，一般以"。"为准。

这山中的一切，哪个不是我的朋友？/我热切地跟他们打招呼：/你好，清凉的**山泉**！你捧出一面**明镜**，是要我重新**梳妆**吗？/你好，汩汩的**溪流**！你吟诵着一首首**小诗**，是邀我与你唱和吗？/你好，飞流的**瀑布**！你天生的**金嗓子**，雄浑的**男高音**多么有气势。/你好，陡峭的**悬崖**！深深的**峡谷**衬托着你挺拔的**身躯**，你高高的额头上仿佛**刻满了智慧**。/你好，悠悠的**白云**！你洁白的身影，让**天空**充满宁静，变得更加**湛蓝**。/喂，淘气的**云雀**，叽叽喳喳的在谈些什么呢？/我猜你们津津乐道的，是**飞行**中看到的**好风景**。

第三步，找句子关键词。将句子中的重点字词找到。

如上步中加粗字体所示。

第四步，关键词与地点联系。每一句关键词与地点依次联系。

我们选择了两个房间，分别是洗手间和厨房，所选用的地点如下所示。

小提示：一般情况下我们一个地点只记一个关键词，但有时候为了提升效率，我们会在一个地点上记忆多个关键词。每句话的多个关键词都记在一个地点上，容易错乱，可以把地点再细分为几个部位辅助记忆，即地点＋部位法。

镜子——山泉、明镜、梳妆：镜子上沿不断涌出山泉，镜子中间很明亮是明镜，镜子下边有人在梳妆。

洗手池——溪流、小诗、唱和：水龙头不断有溪水流出，台子上写满了小诗，水池中不断有声音唱和。

洗浴区——瀑布、金嗓子、男高音：淋浴头的水像瀑布一样，浴缸中的人有着金嗓子，还会唱男高音。

①镜子
②洗手池
③洗浴区
④屏风
⑤马桶

⑥窗户
⑦洗菜池

屏风——悬崖、峡谷、身躯、刻满了智慧：屏风像悬崖一样高，屏风折页的地方像峡谷，屏风的身躯很坚硬，上面刻满了智慧。

马桶——白云、天空、湛蓝：马桶按键是白云形状的，马桶的水和天空一样湛蓝。

窗户——云雀：云雀在窗户上飞来飞去。

洗菜池——飞行、好风景：洗菜池中蔬菜在飞行，看上去是很好的风景。

第五步，看原文。根据地点及部位上的关键词还原整句话。

先将关键词记住，达到可以正背、倒背、抽背的效果，再进行文章的还原。还原时有两种方式，一种是直接读原句还原，另一种是根据自己的理解和分句时的逻辑进行还原，即先还原共有的部分，再还原名词前的形容词或动词，最后还原其他部分。

第六步，加工错漏。哪一句不准确，就加工哪一句。

还原后可尝试背诵，在背诵的过程中哪一句记忆不准确，就专门加工哪一句，直到可以完全背诵。

第十三章　知识体系记忆

在学习中，我们需要记忆各种知识，从记忆的角度主要分为常识题、简答题、论述题。

常识题主要是单选题、多选题、填空题。诗仙是谁？珠穆朗玛峰有多高？唐宋八大家分别是谁？类似于这样的知识点，全部可以用记常识题的记忆方法去记忆。

简答题主要指一个问题的答案是多个要点类的知识。鸦片战争失败对中国的影响是什么？《马关条约》的内容是什么？素质教育的基本内涵是什么？类似于这样的知识点，全部可以用记简答题的记忆方法去记忆。

论述题是多个知识点的综合记忆。中国哲学与西方哲学有何异同？你对中国古代经济发展有何看法？类似于这样的知识点，全部可以用记论述题的记忆方法去记忆。

第一节　常识题

在我们的学习中有大量零散的知识需要记忆，这类零散的知识，我们从记忆的角度，将其归类为常识。用传统的记忆方法去记，会遇到两个问题，一是记得快忘得快，需要反反复复地复习；二是记多之后会混淆相似的内容，经常出现张冠李戴的情况。不过，只要按照本书中所教授的方法记忆，这两大难题都会迎刃而解。本节的记忆方法建筑在上篇介绍的出图法、关联法、串联法等方法的基础上。

记忆步骤：

○提取题干和答案的关键词；

○ 用出图法将关键词出图；

○ 一题一答用关联法；

○ 一题多答用串联法。

例如：

记忆内容	出图	联想
首次环球航行成功者——麦哲伦	环球→地球仪，麦哲伦→折断的轮子	地球仪折断了轮子
亚洲和美洲的分界线——白令海峡	亚、美→亚洲美女，白令海峡→白领	亚洲美女是个白领
面积最小的国家——梵蒂冈	最小国家→小矮人，梵蒂冈→饭递给刚子	小矮人把饭递给刚子
世界最重的青铜器——司母戊鼎	最重青铜器→一个大青铜器，司母戊鼎→司机的母亲	大青铜器里坐着司机的母亲
《兰亭集序》的作者——王羲之	《兰亭集序》→一个兰亭，王羲之→国王洗荔枝	兰亭里国王在洗荔枝
黄巾起义的时间——184年	黄巾→黄色头巾，184→一巴掌拍死	裹着黄头巾起义的人，被一巴掌拍死了

请用以上方法练习：

极圈的维度——66.34°

高出海平面的距离——海拔

表示地面地势高低起伏的线——等高线

"风声鹤唳，草木皆兵"出自战役——淝水之战

北魏统一北方的时间——439年

《齐民要术》的作者——贾思勰

《女史箴图》《洛神赋图》的作者——顾恺之

《水经注》的作者——郦道元

第二节　简答题

简答题主要指一个问题有多个答案的知识。例如：鸦片战争失败对中国有何影响？《马关条约》的内容是什么？素质教育的基本内涵是什么？

使用本节方法需要提前掌握上篇介绍的出图法、关联法、部位法等方法。

记忆步骤：

○提取题干和答案的关键词（关键词是能够让你回忆出全句内容的词）；

○用出图法将题干转化为实物图，并从实物中选取和答案数量一致的部位；

○答案关键词和对应部位联想记忆；

○回忆关键词；

○还原关键词对应的原句；

○加工错漏。

例如：

如何防止滥用毒品？

取缔非法贩运毒品；减少毒品的供应；改造吸毒者的各种社会工作；防止人们染上毒瘾。

提取关键词：题目（滥用毒品），答案（取缔、减少、改造、防止）

题目出图：由毒品联想到一个针管。答案有四句，选四个部位。

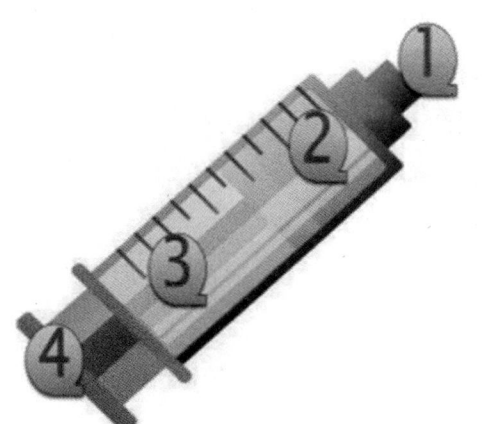

①针头
②针管肚子
③刻度
④把手

联想：针头被取缔了；针管肚子里的水在减少；针管上的刻度被改造了；防止推把手。

还原：回忆针管四个部位上记忆的关键词，通过关键词准确地说出对应的句子。

优化：对记忆不清楚的部位再联想，加深印象。

请用以上方法练习：

百家争鸣的主要表现是什么？

聚众讲学；著书立说；提出治国主张；相互争辩取长补短。

提取关键词：题目（_____），答案（_____、_____、_____、_____）

题目出图：由百家争鸣联想到学者交流的场景，在下图中选取四个位置。

联想：_____

还原：_____

优化：对记忆不清楚的部位再联想，加深印象。

藻类植物的特点有哪些？

大都生活在水中；喜欢阴暗潮湿；单细胞或多细胞；没有分化等。

提取关键词：题目（_____），答案（_____、_____、_____、_____）

题目出图：由藻类植物联想到澡堂，在下图中选取四个位置。

联想：_____
还原：_____
优化：对记忆不清楚的部位再联想，加深印象。

第三节　论述题

论述题一般综合性比较强，资料信息量比较大，在记忆时需要根据题目的内容来灵活选择方法，甚至可以综合使用多种方法来记忆一个题目。

例如：

请简要论述一下近代历史上帝国主义列强发动了哪几次侵华战争，强迫清政府签订了哪些不平等条约。这些条约分别给中国带来了什么样的影响？

近代史上帝国主义列强发动的侵华战争有：

1840年，英国发动第一次鸦片战争；

1856年，英法联军发动第二次鸦片战争；

1894年，日本发动中日甲午战争；

1900年，八国联军侵华战争。

以上几次侵华战争中，清政府签订的不平等条约有：

第一次鸦片战争中签订《南京条约》；

第二次鸦片战争中签订《天津条约》《北京条约》等；

中日甲午战争中签订《马关条约》；

八国联军侵华战争中签订《辛丑条约》。

这些条约给中国带来的影响是：《南京条约》使中国开始沦为半殖民地半封建社会；

《天津条约》和《北京条约》使中国主权进一步丧失；

《马关条约》使中国半殖民地化程度大大加深；

《辛丑条约》使中国彻底沦为半殖民地半封建社会，使清政府彻底沦为列强统治中国的工具。

以上这道论述题里面有三部分答案，需要将资料化整为零，分步记忆，综合运用关联法和串联法来记忆。

第一步，多次侵华战争的名称可以使用上篇中讲解的串联法来记忆。

第一次鸦片战争：一只乌鸦。

第二次鸦片战争：两只乌鸦。

中日甲午战争：家务。

八国联军侵华战争：八口锅。

联想：三只乌鸦在干家务活——洗八口锅。

第二步，可以使用上篇中的关联法，将不平等条约分别与对应的侵华战争名称联系起来。

第一次鸦片战争——《南京条约》：一只乌鸦飞到蓝鲸（南京）头上。

第二次鸦片战争——《天津条约》《北京条约》：两只乌鸦吃得津津（京津）有味。

中日甲午战争——《马关条约》：家务活就是把马关起来。

八国联军侵华战争——《辛丑条约》：八口锅被小丑拿去做饭。

第三步，记忆每个不平等条约的影响。

根据条约内容，理解记忆即可。

第十四章　数字记忆

数字类信息与我们的生活息息相关，如父母的手机号码、珠穆朗玛峰的高度、地球的半径、历史年代等。还有与顺序相关的信息，如世界十大高峰（从高到低）、五十六个民族（人口由多到少）、易经六十四卦等。只要熟练掌握数字记忆，这些信息都可以轻松记住。

在记忆领域，数字记忆训练是基础训练。因为在记忆数字时，完整地训练了出图、联结、定桩的记忆三部曲。大量训练，养成习惯后，此能力可以复制到对任何内容的记忆中去。学习本章节前，需要熟练掌握上篇中的关联法、编码法、地点法等方法。本章为大家详细讲解十进制数字、二进制数字以及历史年代的记忆和训练方法。

第一节　十进制数字记忆

关于数字记忆的方法，上篇的地点法中已经做了详细的讲解，在本节中我们主要讲解数字记忆的训练和数字记忆方法的进阶。

一、数字记忆三要素

1.**编码**：熟练掌握00~99这100个数字编码的图像和动作。

2.**地点**：熟练掌握每组地点的位置，每个地点的材质、样子等细节。

3.**定桩**：将编码动作直接作用于地点，一定要接触到地点或者对地点造成损伤。

数字记忆的方法详见上篇"定海神针"章节。

二、数字记忆的训练方式

建议初学者先从50个数字练起，有条件的同学直接练听记效果更佳（听记两遍后默写或背诵），没有条件的同学练习看记（看着数字记忆两遍，进行默写或背诵）。前期读数可以先从每个数字3秒练起，随着正确率的提升，逐步加快记忆的速度。如果到每个数字1秒钟还能全对，就可以练习只记一遍或者增加记忆量（60个、80个、100个……）。下面给大家一些数字，让我们开始训练吧！

记忆					遮住左侧后在右侧默写数字	回忆				
03	43	16	13	50						
33	05	24	15	37						
14	84	25	23	45						
05	09	17	35	18						
38	41	20	02	07						

小提示：默写的时候先写出记住的，暂时想不起来的就空着，不要在那里一直卡着，没有意义；默写完成后做一个总结，看一下是什么原因造成遗忘。常见的原因有以下几种：走神了；编码不熟练；地点不熟练；编码动作没有作用到地点上；图像感不强烈。

记忆					遮住左侧后在右侧默写数字	回忆				
16	33	06	40	49						
33	05	08	15	34						
05	11	25	26	45						
19	09	17	35	47						
28	41	31	02	07						

坚持每天练习3~5次，练习7天，你一定可以达到100%的正确率，快行动起来吧！

三、数字记忆的进阶

如果你想要参加竞技记忆的比赛，那么你就可以使用更高阶的数字记忆方法，也是记忆大师的入门方法，即一个地点记忆两个编码（4个数字）。这种方法的效率会更高，当然上手难度也会随之增高，在这里就不详细讲解了。

第二节　二进制数字记忆

二进制是在计算机技术中广泛应用的一种数制。二进制数据是用0和1两个数码来表示的数。在生活中二进制也有着广泛的应用，只有两种结果的事或物，都可以用二进制来表示。由于二进制只由0和1两个数字组成，因此重复率非常高，记忆难度也随之增大，为了降低记忆难度，我们通常采用将二进制转化成十进制的方式来记忆。

一、二进制转换十进制表

二进制数字	000	001	010	011	100	101	110	111
十进制数字	0	1	2	3	4	5	6	7

将二进制转化为十进制后，记忆的方式也随之变为十进制数字的记忆方式。初学者常用的方法就是地点法，即每个地点记忆两个数字（一个数字编码），因此我们需要将二进制数字组合并转化成为十进制的数字编码，也就是每6位二进制数字转化为一个两位数数字编码。如下表所示。

二进制转十进制对照表

二进制	十进制	二进制	十进制
000000	00	100000	32
000001	01	100001	33
000010	02	100010	34
000011	03	100011	35

续表

二进制	十进制	二进制	十进制
000100	04	100100	36
000101	05	100101	37
000110	06	100110	38
000111	07	100111	39
001000	08	101001	40
001001	09	101010	41
001010	10	101011	42
001011	11	101100	43
001100	12	101101	44
001101	13	101110	45
001110	14	101111	46
001111	15	110000	47
010000	16	110001	48
010001	17	110001	49
010010	18	110010	50
010011	19	110011	51
010100	20	110100	52
010101	21	110101	53
010110	22	110110	54
010111	23	110111	55
011000	24	111000	56
011001	25	111001	57
011010	26	111010	58
011011	27	111011	59
011100	28	111100	60
011110	29	111101	61
011110	30	111110	62
011111	31	111111	63

完成转换后我们就可以练习记忆二进制数字了。

二、二进制数字训练流程

（一）二进制转换训练

先练习二进制转换十进制，每6位二进制数字转换为一个十进制两位数，直到熟练掌握。

（二）二进制出图训练

看到二进制直接联想到所对应的十进制数字编码图像，直到可以直映。

（三）二进制定桩训练

运用地点法练习记忆二进制数字，练习计划与记忆十进制数字相似。刚开始可以少量记忆，准确率提升后可以适当加量。

第三节　历史年代记忆

进入中学以后，我们开始上历史课，也开始接触历史事件及年代的记忆资料。这些资料主要由数字和文字组成，记忆量大且极易混淆。常见的历史年代记忆方法有两种，一种是串联法，这个最容易上手，但并不是所有的资料都适合用这个方法记忆；另一种是场景法，有时也叫作地点法，就是在固定的地点或者场景中不断记忆事件，这个方法几乎适用于对所有历史年代的记忆。

一、串联法

串联法就是将历史年代与历史事件的关键词进行串联。年代可以用数字编码处理，也可以用谐音联想的方式处理。

（一）谐音联想

黄巾起义发生在184年。

联想：将黄巾出图为绑着黄头巾的军人，将184想象成一巴掌拍死。

故事：绑着黄头巾的军人起义了，我一巴掌把他们都拍死。

（二）串联法

1840年，鸦片战争爆发。

关键词：18——一巴，40——司令，鸦片。

故事：我一巴掌打到了司令，司令在销毁鸦片。

二、场景法

所谓场景法，就是将年代分为两个部分，将前半部分换成固定的场景，将后半部分的两位数字和事件关键词在场景中进行故事联想。

以1000~2099年为例，我们需要固定11个场景。场景不唯一，可以自己定义，只要能够区分即可，下面11个场景仅供参考。

10石门　　　11台阶　　　12婴儿床　　　13躺椅

14轮船　　　15笼子　　　16弹坑　　　17浴缸

18篱笆　　　19大脚丫子　　　20篝火

例如：

1915年陈独秀在上海创办《青年杂志》（后改名《新青年》）。

关键词：19——大脚丫子（场景），15——鹦鹉，青年杂志。

故事：大脚丫子上有一只鹦鹉在看《青年杂志》。

第十五章 符号记忆

在我们的学习和生活中，经常会遇到各种各样的符号，比如马路边有交通标志、车辆品牌标志，商场里有各种店铺门头标志和商品品牌标志，翻开书本还会遇到地理、生物、数学、物理、化学等各学科的符号……这些符号有的比较形象，容易理解和记忆，但是也有一部分符号比较难以理解，也难以记忆，因此本章我们给大家讲解一些方法来帮助大家。本章会用到上篇所讲解的出图法、关联法、串联法、场景法等。

第一节 成组符号记忆

在我们的生活和学习中有很多成组的符号，比如天气符号、交通标志、八卦符号等。本节以八卦符号为例进行讲解。

八卦有卦名、卦序和卦象。卦名指卦的名字，卦序指卦的顺序，卦象指卦的画法。

卦名	乾一	兑二	离三	震四	巽五	坎六	艮七	坤八
卦象	☰	☱	☲	☳	☴	☵	☶	☷
卦象歌	乾三连	兑上缺	离中虚	震仰盂	巽下断	坎中满	艮覆碗	坤六断

记忆口诀：

卦名：钱堆离开雷震子（乾、兑、离、震），熊砍树根里的昆虫（巽、坎、艮、坤）。

卦序：卦名口诀中一句四卦，很好定位。

卦象：卦象歌本身就是口诀。

第十五章　符号记忆

记忆完了八卦，下一步就可以尝试记忆六十四卦了。

八卦两两组合形成了六十四卦。我们一次性记住卦名、卦序和卦象。卦名用移花接木法出一个场景图。卦序用数字编码出图。卦象分为上下两卦，用八卦对应的数字表示。例如：同人卦，乾上离下，用13表示；豫卦，震上坤下，用48表示。这样卦象就可以用数字编码出图。

例如：

卦	场景	数字编码	联想
01乾（乾上乾下）	乾谐音钱，联想到银行，场景为银行门口	卦序（01衣，外套）卦象（11雨衣）	银行门口，我把外套套在雨衣上
02坤（坤上坤下）	由坤联想到坤宁宫	卦序（02鹅）卦象（88爸爸）	坤宁宫里，鹅追着咬爸爸的屁股
03屯（坎上震下）	屯联想成金楂KTV	卦序（03山，雪山）卦象（64牛屎）	金楂KTV里有座雪山，雪山上全是牛屎

接下来请你尝试自己记忆以下卦象及对应的卦序、卦名。有能力的读者朋友可以试着把六十四卦都记下来。

04蒙（艮上坎下）　　05需（坎上乾下）　　06讼（坎上乾下）　　07师（坤上坎下）

当然，记忆六十四卦的方法还有很多，也有人用二进制的方式去记忆，也是一样的。殊途同归，根据自己的喜好选择即可。

第二节　数理化符号记忆

数学、物理和化学这三个学科中有很多符号和公式需要记忆。大多数公式和符号确实可以靠理解来轻松记住，但还是有一些公式和符号单纯靠理解不容易记牢，因此本节我们给大家讲解几种简单的方法来辅助记忆那些比较难记或比较容易遗忘的符号和公式。

一、数学符号

α	β	γ	δ	ε	ζ	η	θ
阿尔法	贝塔	伽马	德尔塔	艾普西隆	泽塔	伊塔	西塔
ι	κ	λ	μ	ν	ξ	ο	π
约（yāo）塔	卡帕	拉姆达	谬	纽	克西	奥米克戎	派
ρ	σ, ς	τ	υ	φ	χ	ψ	ω
柔	西格马	陶	宇普西隆	斐	希	普西	奥米伽

以上的希腊字母符号经常在数学中被用作变量名。这些在初学者看来是比较难的，不过我们可以运用出图法，将符号和后面的名称同时出图，之后再两两关联起来记忆。

我们以前四个希腊字母为例来讲解：

希腊字母	画面处理	记忆过程
α	苹果（apple）	把苹果给儿子们分发了
β	耳朵	耳朵形状的贝壳做成宝塔形
γ	小草	小草加给马当饲料
δ	蝌蚪	蝌蚪得意地游进儿童塔

二、物理符号

F	m	I	U	R
力	质量	电流	电压	电阻

以上物理符号及其物理意义的记忆与数学符号的记忆方法类似，两两关联即可。

记忆过程：

希腊字母	画面处理	记忆过程
F	拐杖	拐杖需要用力拄着
m	麦当劳	麦当劳里的炸鸡质量不错
I	冰激凌	冰激凌融化得流下来
U	杯子	杯子下面压着一张纸条
R	蝴蝶结	绑蝴蝶结是为了阻止头发散乱

三、化学元素符号

元素名称	元素符号	原子量	元素名称	元素符号	原子量
氢	H	1	钠	Na	23
氦	He	4	镁	Mg	24
锂	Li	7	铝	Al	27
铍	Be	9	硅	Si	28
硼	B	11	磷	P	31
碳	C	12	硫	S	32
氮	N	14	氯	Cl	35.5
氧	O	16	氩	Ar	40
氟	F	19	钾	K	39
氖	Ne	20	钙	Ca	40

以上化学元素的名称、元素符号及原子量，我们可以采用串联法来记忆。元素符号出图时，我们可以运用上篇介绍的字母编码来辅助；原子量数值的记忆则可以使用上篇的数字编码来辅助。

例如：

元素名称	出图	数字编码	联想
氢	氢（氢气球），H（horse 马）	01（衣）	氢气球上面印着一匹马，马还穿着衣服
氦	氦（害虫），He（河）	04（尸）	害虫掉进河里，河里有僵尸
锂	锂（鲤鱼），Li（梨）	07（漆）	鲤鱼吃了梨，梨掉进了油漆里
铍	铍（皮球），Be（杯子）	09（酒）	皮球打到了杯子，杯子里装满了酒
硼	硼（朋友），B（boy 男孩）	11（雨衣）	我的朋友全都是男孩子，而且都喜欢雨衣

请你尝试自己用相同的方法记忆剩余的元素。

第十六章　单词记忆

对于英语学习者来说，单词记忆是十分重要的。由于缺乏语言环境，许多人在学习英语的过程中难以通过"耳濡目染"来记住大量的单词，因此常常死记硬背。只是这样的记忆方法效率极低！

如果你也有记了忘、忘了记的苦恼，那么寻找正确的方法和路径就十分重要。对于母语为汉语的英语学习者来说，单词记忆有两个要求，一是能够"英译汉"，即看到英文单词能够回忆出中文意思；二是能够"汉译英"，即根据中文意思能准确拼读出英文单词。对于第一个要求，我们用认识法就可以轻松搞定，而对于第二个要求，我们可以采用拆分法和类比法。

认识单词远比记住单词拼写容易。认识法先让我们快速熟悉大量的单词；拆分法再让我们精准拼写出每一个单词，应用高效的单词记忆方法批量记忆单词；最后，类比法可以帮助我们减少复习次数，让我们在牢记所有单词的同时，能够清晰地知道每个单词是否背熟。使用认识法、拆分法和类比法来记忆英语单词，并定时、定量地归类复习单词，就能提升复习效率，长期牢固地记住单词，让我们一起来学习记忆单词的三大方法吧！

第一节　认识法

在正式学习认识法前，我们先了解一下背单词的记忆原理。以汉语为母语的人，我们先回忆一下汉字是怎么学习的。

汉字的学习过程

笔画 → 偏旁部首 → 独体字 → 合体字

从笔画到偏旁部首，再到独体字、合体字，我们从易到难地学习汉字。例如：记忆"把"，我们会想"提手旁"和"巴"；记忆"晶"，我们会想三个"日"；记忆"碧"，我们会想"王""白""石"。记忆这些汉字时，我们不会再背所有的笔画了。因为常见的偏旁部首和独体字已经是我们熟悉的内容了。

而背单词时，大部分人是一个字母、一个字母地背，相当于记汉字的笔画，却没有想过利用单词中的"偏旁部首"和"独体字"来记忆。把学习汉字的思维代入到学习英语单词里，我们大致可以这样理解：

如果我们先牢记单词的词根词缀，那么单词记忆就会容易很多。但现实情况是，高中、大学的词汇用词根词缀法非常容易记忆，而小学、初中阶段的学生接触的词根词缀比较少，学生自己不太会应用词根词缀法。所以除了找传统的词根词缀，我们还需要再额外创造一些单词的"偏旁部首"。那具体怎么去创造呢？我们可以利用汉字的拼音系统。汉字的拼音也是由26个拉丁字母组成的，所以这26个拉丁字母对于中国人来说有两套发音系统，一套是拼音系统，另一套是字母系统。对于没有词根词缀法基础的学生，可以用拼音系统辅助创造单词的"偏旁部首"。具体创造方式详见上篇"奇幻变装"章节中的字母编码介绍，这里不再赘述。当我们打牢字母编码的基础后，以词根词缀、单字母编码、多字母编码为单词的"偏旁部首"，以我们自己背会的单词为"独体字"，再结合图像串联的方法，就可以轻松搞定单词记忆了。

英语单词的学习过程

字母 ➡ 词根词缀 ➡ 简单词 ➡ 合成词

接下来我们学习记忆单词的认识法，此方法可以让我们快速认识大量的生词。在我们平时的学习与生活中，大部分单词其实只需要认识，不需要准确地拼写。就像我们学习汉字一样，识字量一定比会写的字量大。那么认识法，就可以快速且大幅度地提升我们的单词识字量。

怎样才能快速认识一个单词呢？从单词中找出我们熟悉的部分，和中文意思进行串联联想即可。

例如：

单词	拆分	联想
diagnosis[ˌdaɪəɡˈnəʊsɪs]n.诊断	no（没有），si（死）	诊断结果是他没有死
aggregate[ˈæɡrɪɡət]v.总计；聚集	gg（哥哥），re（热）	哥哥们很热，都聚集在一起
manipulate[məˈnɪpjuleɪt]v.操作	man（男人）	男人一顿操作猛如虎
migrate[maɪˈgreɪt]v.迁移，移居	mi（米），gr（工人）	吃米饭的工人全部移居了
treadmill[ˈtredmɪl]n.跑步机	read（阅读）	我一边阅读一边在跑步机上跑步
credence[ˈkriːd(ə)ns]n.相信；信用	rede（热的）	他很火热的，我都相信他了
balcony[ˈbælkəni]n.阳台	ba（爸爸），l（一根烟）	爸爸抽着一根烟，被妈妈赶到了阳台

让我们尝试用认识法速记100个陌生单词吧，看看你需要多久的时间。注意此方法的主要目的是认识单词，不需要记住准确的拼写，只要你能准确地说出单词的中文意思，就表示你完全掌握了此方法。

第二节　拆分法

用认识法快速扩充我们的单词量之后，还需要用拆分法精准记忆单词。此方法结合汉语和英语两种语言思维，是适合中国人的记忆方式。拆分的思路是熟悉的模块+生动的联想，其中找出熟悉的模块是重中之重。可以从以下几个角度去考虑：

（1）判断单词是否为音译单词

某些英文单词在引入中国后，直接通过读音相近的汉字来翻译。例如：

香槟 champaign	咖啡 coffee	巧克力 chocolate	三明治 sandwich
汉堡包 hamburger	比萨饼 pizza	吐司 toast	啤酒 beer
沙司 sauce	苏打 soda	沙发 sofa	扑克 poker

续表

领带 tie	雪茄 cigar	康乃馨 carnation	卡片 card
坦克 tank	吉普车 jeep	马达 motor	克隆 clone
卡通 cartoon	吉他 guitar	爵士乐 jazz	迪斯科 disco
高尔夫 golf	保龄球 bowling	呼啦圈 hula hoop	酷 cool
摩登 modern	沙龙 salon	卡路里 calorie	荷尔蒙 hormone
基因 gene	维他命 vitamin	幽默 humor	迷你 mini

（2）判断单词里否有认识的短单词

已经认识的短单词就相当于汉字中的独体字，可以帮助我们在记忆英语单词时降低难度。

例如：

单词	拆分	联想
cargo[ˈkɑːɡəʊ]n.货物	car（汽车），go（去）	汽车去拉货物
haircut[ˈheəˌkʌt]v.理发	hair（头发），cut（剪切）	头发被剪切了就是理发
candidate[ˈkændɪˌdeɪt]n.候选人	can（能够），did（做），ate（吃）	既能做事又能吃会喝的人，才有资格成为候选人

（3）判断单词里是否有适用于记忆的拼音

有些单词中恰巧有拼音，根据这些拼音能够联想出有趣的内容，从而帮助我们记忆。例如：

单词	拆分	联想
banyan[ˈbænɪən]n.榕树	banyan（扮演）	我在认真地扮演一棵榕树
panda[ˈpændə]n.熊猫	pan（盘），da（大）	熊猫的脸盘子很大
chicken[ˈtʃɪkɪn]n.鸡肉	chi（吃），c（谐音"塞牙"），ken（啃）	对着一块鸡肉，我又吃又啃还塞牙了

162

（4）判断单词里是否有单字母与拼音、短单词的随机组合

单字母可以通过编码转化为具象事物，从而可以和拼音、短单词构建联想进行记忆。例如：

单词	拆分	联想
scar[skɑː(r)]n.伤疤	s（蛇），car（汽车）	蛇被汽车压出来一道伤疤
groom[gruːm]n.新郎	g（哥），room（房间）	哥哥跑到房间里做新郎
educate[ˈedʒuˌkeɪt]n.教育	e（鹅），du（堵），cat（猫）	前面一只鹅，后面一只鹅，堵住了一只猫，教育它

（5）判断单词里是否有象形编码

某些英文字母的组合看起来像表情或数字，利用这种现象，也可以进行巧记。例如：

单词	拆分	联想
bamboo[bæmˈbuː]n.竹子	ba（爸），m（麦当劳）boo（600）	爸爸去麦当劳买了600根竹子
loom[luːm]n.织布机	loo（100），m（米）	织布机织了100米的布
avalanche[ˈævəˌlɑːntʃ]n.雪崩	ava（像笑脸），lanche（拦车）	我微笑地拦住过来的车，告诉他们前面雪崩了

把以上五个找熟悉模块的角度，融汇到一起，就形成了以下拆分单词的基本记忆步骤：

○读一遍（确认是不是音译单词）；

○标出熟悉的单词；

○标出词根、前后缀、拼音；

○剩余部分用编码（就大不就小）；

○将拆分好的各部分按顺序串联起来（中文意思放在最前面或者最后面）。

例如：

单词	拆分	联想	使用的记忆步骤
sushi[ˈsuːʃi]n.寿司	音译单词，记读音	—	第一步
position[pəˈzɪʃən]n.职位；位置	po（婆婆），sition（死神）	婆婆抢了死神的职位	第三、第五步
carry[ˈkærɪ]v.搬运	car（汽车），ry（人妖）	汽车里的人妖被搬运走了	第二、第三、第五步
pear[peə(r)]n.梨	p（猪），ear（耳朵）	猪耳朵上挂着梨	第二、第四、第五步
congratulation[kənˌgrætʃʊˈleɪʃən]n.祝贺	cong（聪明），rat（老鼠），u（雨伞），lation（雷神）	聪明的老鼠把雨伞送给了雷神表示祝贺	第二、第三、第四、第五步

按照上述记忆步骤，可以记忆任何一个陌生单词。要特别注意的是，找熟词时，应根据自己的词汇基础找，自己认识的单词才叫熟词。如果你的词根词缀基础很好，尽量找词根词缀的模块。找编码和拼音需要我们提前掌握字母编码，因此应将常用的字母编码提前记熟。联想的方法主要是串联法。只要你能把每步要点都熟练掌握，拆分时严格按照顺序执行，联想时脑海中产生形象生动的场景，并坚持做大量的训练，我相信你记忆单词一定会越来越容易。

让我们开始练习吧！

hospital 医院	interesting 有趣的	acountant 会计	attention 专心
grammar 语法	standard 标准	extraterrestrial 外星人	

第三节　类比法

认识法和拆分法能够让我们快速准确地记忆大量的单词。类比法则能帮助我们科学有效地复习单词。

复习单词有两种方式，一种是按遗忘规律，隔一天、一周、一个月、三个月、一年分别复习一次。也就是说第二天复习前一天背过的单词，周末复习这一周背过的单词，月底最后一周复习这个月和三个月前背过的单词，年底用三周时间复习本年背过的所有单词。一年内我们主动复习了五次，再加上平时课堂上、做题时、考试时也会被动复习，绝大部分的单词都能够转化为中长期记忆。

另一种方式是归类复习，就是把有相同部分或者属于相同类别的单词总结出来，比如有相同的熟词、词根词缀等，或者有相同的主题（如数字类、水果类、物品类、房间类、人物类等），将这些单词进行归类对比记忆。

一、熟词相同

例如：

相同的部分是ear（耳朵）

单词	单字母编码	联想
bear 熊	男孩	男孩趴在你耳朵旁说"熊来了"
dear 亲爱的	狗	狗在你耳边说"亲爱的"
fear 害怕	鱼	鱼长出耳朵让你感到害怕
hear 听到	马	马的耳朵听到了事情
earn 赚钱	鼻子	耳朵和鼻子都可以赚钱
near 近的	鼻子	鼻子和耳朵离得很近
pear 梨	猪	猪用耳朵吃梨
tear 眼泪	树	树长出的耳朵流泪了
wear 穿	水	水从耳朵里穿过
year 年	悠悠球	悠悠球在耳朵上绑了一年

再看一个例子：

165

相同的部分是 ill（生病）

单词	单字母编码	联想
bill 账单	男孩	男孩生病了，看病收到了很多账单
gill 鱼鳃	女孩	女孩生病了，脸上长满了鱼鳃
mill 磨坊	米奇	米奇生病了，还要去磨坊推磨
will 想要	水	水生病了，想要被净化
fill 填满	鱼	鱼生病了，填满了池塘
hill 小山	马	马生病了，跑上了小山
kill 杀死	国王	国王生病了，要杀死所有人
pill 药丸	猪	猪生病了，疯狂地吃药丸

请你用该方法尝试做一些练习吧！

相同的熟词	单词			
ace 扑克牌中的"a"	face 脸；面孔	lace 网眼花边；透孔织品	pace 踱步	race 竞赛；种族
act 表演；行动	fact 事实；真相	pact 协议；条约	tact 机智	—
age 年龄	cage 笼子	page（书的）页	rage 大怒	wage 工资
air 天空	fair（天气）晴朗的；公平的	hair 头发；毛	pair 一对，一双	—

二、词根相同

词根记忆法是从单词构词法中演变而来的，是比较传统的单词记忆方法，也利于我们对单词产生正确的认知。要注意的是，要用中文意思和词根词缀组合进行联想，不可用词根词缀直接猜中文意思。

此方法需要读者认识词根，并且对词缀也有基础的认知。基础较弱的读者可以先了解此方法，通过基本功训练，先夯实基础，等具备一定水平之后，再来攻克词根法。

相同的部分是 -log-（说话）

单词	前缀	词根	后缀	联想
catalogue 目录，一览表	cate- 在下面	-log- 说话	-ue 名词后缀	在下面说话的人，在看目录
prologue 开场白	pro- 表示向前		-ue 名词后缀	说在前面的话就是开场白
epilogue 尾声，后记	epi- 表示向后			说在后面的话就是尾声
monologue 独白	mono- 表示单一			单一地说话就是独白
eulogy 颂辞，称赞	eu- 表示好		-y 名词后缀	说好听的话就是称赞

再看一个稍微复杂一点的例子：

相同的部分是 clear-/clar-/clair-（说话）

单词	前缀	词根	后缀	联想
clearance 清算；清除	—	clear- 表示清楚，明白	-ance 名词后缀	均表示清楚，明白；后缀一般没有含义，只表示词性
clarify 澄清；弄清	—		-ify 动词后缀	
clarity 清楚	—		-ity 名词后缀	
declare 宣称；断言	de- 表示向下、否定和加强，此处表示加强语气	clar-	—	清楚的、很肯定的就是断言
declaration 定言；陈述			-ation 名词后缀	断言的名词形式
clairaudient 有超人听力的	clair- 表示清楚，明白	aud- 表示听	-ent 此处为名词后缀	能清楚听到各种声音的人是有超人听力的

167

词根助记：这个词根变来变去就是clear的意思，只是其中的元音发生了一点改变。所以你不用管它怎么变，只要cl与r中间夹杂元音字母就表示"清楚、明白"。

接下来请你自己做一些练习吧！

相同的词根	单词			
cid-/cis- 切开，杀	homicide 杀人；杀人犯	insecticide 杀虫剂	pesticide 杀虫剂	circumcise 行割礼，割包皮
	concise 简明的	excise 割去，删去	incisive 一针见血的，锐利的	incisor 门牙
	precise 精确的，清楚的	precision 精密，正确	—	—
astro-/aster- 星星，天空	astronomy 天文学	astrospace 宇宙空间	astronaut 宇航员	astrophysics 天体物理学
	astral 星的，星状的	disaster 灾难	—	—

词根助记：将star（星星）这个单词简单变形，调换字母顺序后就成了astr-，表示天空。

三、前后缀相同

相同的部分是com-（编码为电脑）

单词	前缀	其余部分拆分	联想
comma 逗号	com- 编码为电脑	ma 编码为妈	电脑前的妈妈在不停地打逗号
command 命令		man 男人，d 狗	电脑前面的男人给狗下命令
commend 表扬		men 很多男人，d 狗	电脑前面有很多男人对狗提出表扬
comment 批评		men 很多男人，t 树	电脑里面有很多男人在树下被批评

除了找熟词、词根、词缀，我们还可以从同义近义词、同类词等角度归

类对比记忆。

同义词如：

意义	单词		
管理	governance	management	administation
鼓励；促使	cheer	encourage	motivate
	prompt	—	—
脆弱的	vulnerable	weak	feeble
	susceptible（易受影响的 =subject to）	fragile（脆的，易碎的）	—
考虑到	given	considering	in view of
	with a view to	—	—
抓住	grasp	capture	seize（size 尺寸）
主张	claim（acclaim 欢呼，称赞）	proclaim	remark
	advocate	allegation	comment
	review（评论）	argue	hold
	assume	—	—
智力	wisdom	intelligence	wit
部分	component	portion	element
	proportion	percentage	section

同类词如：

意义	单词		
天气	sun	rain	cloud
	wind	snow	sandstorm
水果	peach	apple	banana
	grape	mango	pear
	wetermelon	—	—

续表

意义	单词		
衣服	dress	shirt	sweater
	coat	jacket	vest
	blouse	trousers	jeans
交通	walk	run	bike
	taxi	car	bus
	motor	boat	plane
	ship	horse	—
动物	lion	tiger	yak
	dog	fox	wolf
	bear	rabbit	rat
	monkey	kangaroo	—

由于读者朋友的单词量各不相同，记忆单词的目的也各不相同，我们这里没有办法整理出所有的单词。如果大家没有时间归类整理，可以按照自己的需要买一本按类比法思路整理的单词书。将本章所学的三种方法结合使用，用认识法记住中文意思，用拆分法记住拼写，用类比法批量记忆并复习，由易到难地记忆单词，一定会让你感到游刃有余！

要想成为单词记忆高手，首先，要掌握系统的方法，稳扎稳打，把每一个方法都掌握熟练，不可急于求成；其次，要进行充分的训练，用自己学习中将要背诵的单词练习，既能完成自己的学习任务，又能训练记忆单词的能力；最后，要在实践中多运用！站在岸上学不会游泳，现在就开始训练吧！

第十七章　图形记忆

我们在学习和生活中经常会遇到一些图形需要记忆，本章我们运用上篇所讲到的缩略法、拆分法、关联法、串联法等，为大家介绍一下图形和地图如何记忆。

第一节　具象图形记忆

具象图形是对自然、生活中的具体存在进行的一种模仿性表达。具象图形设计主要取材于生活和大自然中的人物、动物、植物、静物、风景等，其图形特征鲜明、生动，因贴近生活而感染力强。通俗来讲就是，每一个资料都有其具体的图像。对于具象图形，常用的记忆方法有三种：串联法、编码法、地点法。

一、串联法

串联法在本书上篇第三章已经详细讲过，在这里就不过多赘述，我们直接以案例来讲解。

记忆步骤：

第一步：出图，即以最快速度在脑海中呈现具体图像。

太阳——小狗——录音机——海面——蓝莓

第二步，串联图像，用简单的动作或故事情节将其联系起来。

太阳照耀着小狗，小狗在听录音机，录音机被扔进了海面，海面上漂浮着许多蓝莓。

下面请你自己尝试一下吧！

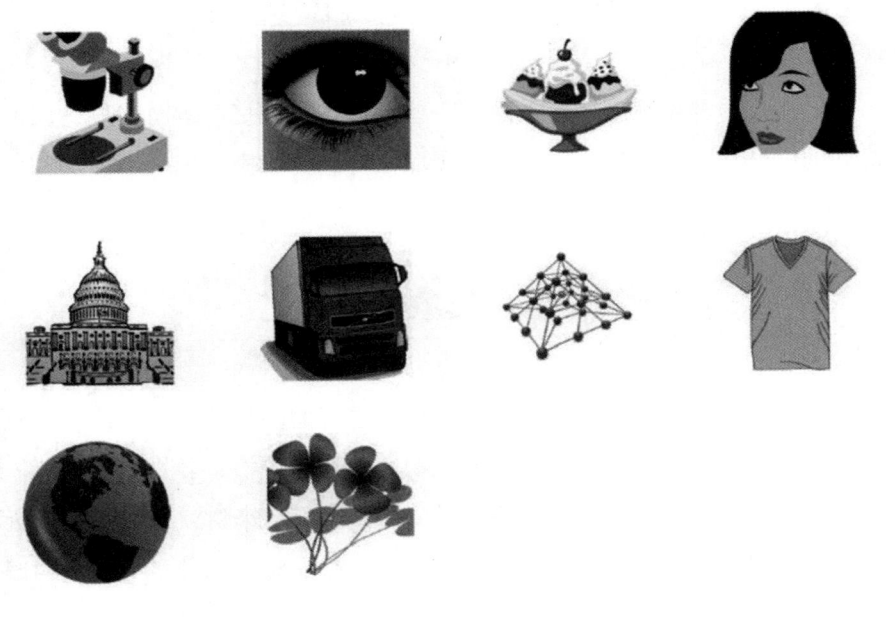

第一步，快速出图。

_____

第二步，串联图像。

_____

二、编码法

编码法记忆就是应用数字编码，每一个编码对应记忆一个资料。

记忆步骤：

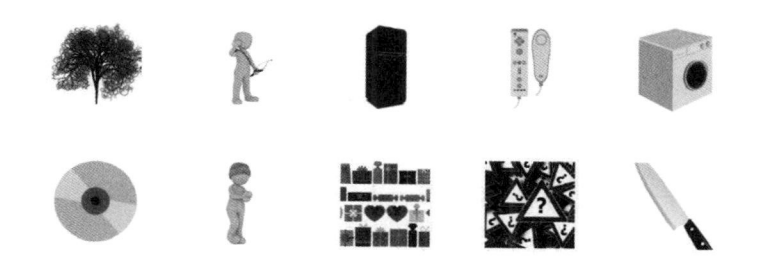

第一步，出图。

大树——射箭的人——冰箱——电话——洗衣机——光盘——戴帽子的人——礼物——三角牌——小刀

第二步，编码联结。

数字编码	图像	编码联结
01 衣	大树	衣服上画着大树
02 鹅	射箭的人	鹅在追一个射箭的人
03 山	冰箱	山顶上放着一个大冰箱
04 尸	电话	僵尸在打电话
05 舞	洗衣机	我在洗衣机里面跳舞
06 牛	光盘	牛踩住了光盘
07 漆	戴帽子的人	油漆泼到戴帽子的人身上
08 耙	礼物	耙子上绑着许多礼物
09 酒	三角牌	酒瓶子摔碎在三角牌上
10 石	小刀	石头砸断了小刀

下面请你自己练习一下吧！

第一步，快速出图。

第二步，编码联结。

三、地点法

地点法记忆具象图形的原理与地点法记忆数字是一样的，即每个地点记忆一个资料。

记忆步骤：

第一步，出图。

帽子——酒瓶——吉他——冰激凌——大树——地球仪——汽车——按摩仪——蛋糕——雪糕

第二步，定桩。

准备对应数量的地点，这里重复使用第五章第一节"宫殿地点"部分介绍的宫殿案例的第四区和第五区。

第十七章 图形记忆

①壁挂炉
②洗菜池
③筷子盒
④微波炉
⑤灶台

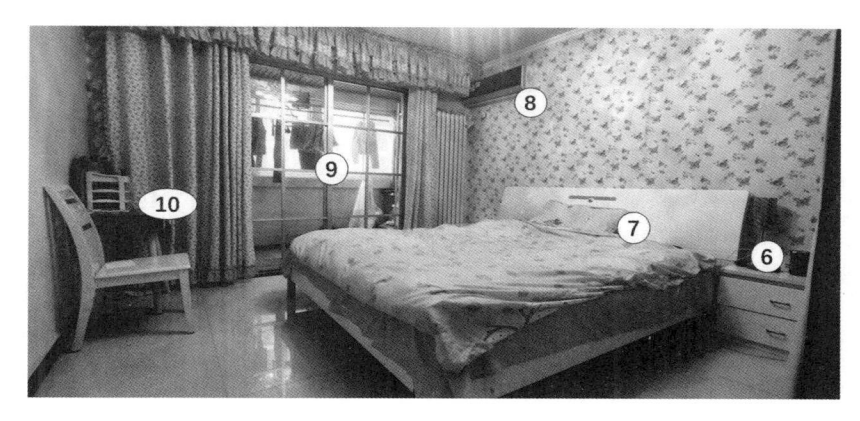

⑥床头柜
⑦床
⑧空调
⑨推拉门
⑩梳妆台

图像	地点	定桩联结
帽子	壁挂炉	壁挂炉上挂着一顶帽子
酒瓶	洗菜池	在洗菜池洗酒瓶
吉他	筷子盒	吉他砸坏了筷子盒
冰激凌	微波炉	把冰激凌放进微波炉
大树	灶台	把大树塞进灶台里
地球仪	床头柜	床头柜上放着地球仪
汽车	床	床上有一辆小汽车在跑
按摩仪	空调	拿按摩仪给空调按摩
蛋糕	推拉门	把蛋糕摔到推拉门上
雪糕	梳妆台	把雪糕扔到梳妆台上

175

记忆完成后尝试回忆，如果有记不住的地方，再加工一下即可。初学者建议记两遍。

当然，还有更高阶的地点法，我会在下一节中详细讲解。

第二节　抽象图形记忆

在记忆方法的应用中有一个重要的思想是"以熟记生"，通过熟悉的事物来记忆陌生的事物。抽象图形的记忆也是应用了这一思想。一般有两种编码方法：一种是形象化编码，就是将抽象图形转化成熟悉的物品；另一种是将抽象图形转化为数字编码，这也是记忆大师常用的方法。

一、抽象图形编码

（一）形象化编码

形象化编码是将抽象图形转化成我们熟悉的物品进行记忆的一种方法。转化时看纹理和外形，感觉像什么就是什么。

例如：

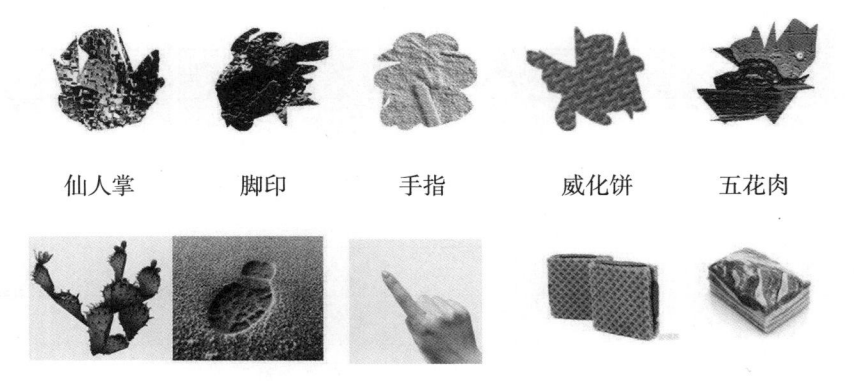

| 仙人掌 | 脚印 | 手指 | 威化饼 | 五花肉 |

（二）套用编码

对抽象图形直接套用数字编码。主要是借助图形的纹理将其转化为数字编码，个别图形会借助外形进行编码。转化时注意观察纹理，将纹理与数字编码模糊对应即可。

抽象图形编码规则
- 外形
  - 刺
    - 多少
    - 大小
    - 上下
    - 左右
  - 洞
  - 口
- 纹理
  - 结构
    - 点
    - 线
    - 网
    - 块
    - 面
  - 颜色
    - 黑
    - 白
    - 灰
  - 方向
    - 横
    - 竖
    - 斜
  - 整体
    - 清晰
    - 模糊
    - 连续
    - 间断
    - ……

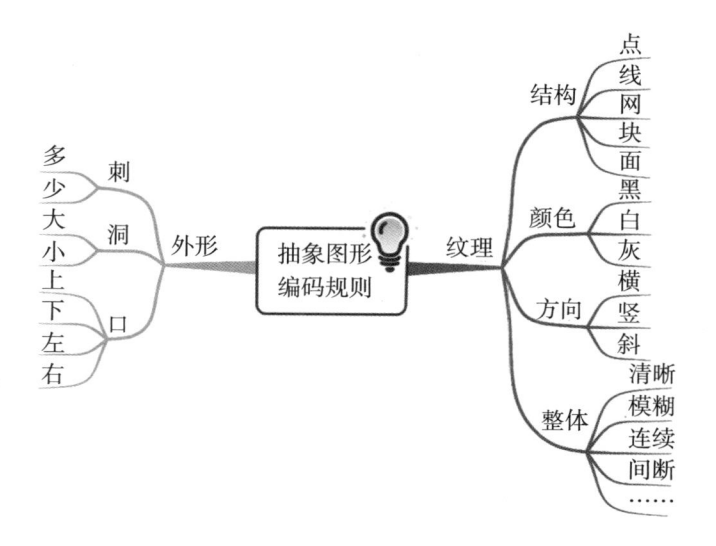

例如：

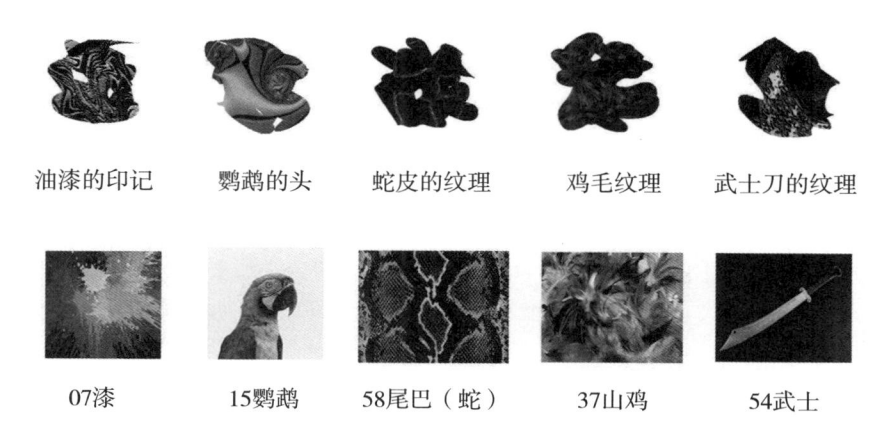

油漆的印记	鹦鹉的头	蛇皮的纹理	鸡毛纹理	武士刀的纹理
07漆	15鹦鹉	58尾巴（蛇）	37山鸡	54武士

二、抽象图形的记忆

抽象图形的记忆方法与数字记忆一样，可参考上篇第四章中的数字记忆法。

第三节　学科图形记忆

我们在学习中经常需要记忆地图和图形，尤其是在地理和生物这两个科目的学习中。接下来我们就一起学习学科中的图形记忆。图形记忆常用的方法有串联法、编码法、部位法和地点法，应针对不同的资料类型选择不同的方法。

例如：

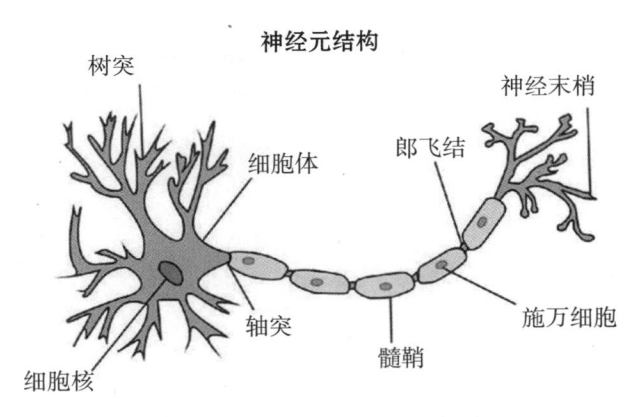

神经元结构

（图：神经元结构示意图，标注有树突、细胞体、郎飞结、神经末梢、细胞核、轴突、髓鞘、施万细胞）

我先问大家一个问题：是填空题好做还是选择题好做？答案是显而易见的，肯定是选择题好做。那么对于这类填图题，我们就是要把填空变成选择，即先记住所有的名称，然后一一对应到各个部位。方法可以选择编码法、地点法或者部位法，在这里我们用部位法讲解。

第一步，文字出图。

将要记忆的文字模糊出图即可，不需要太精确。比如，对于细胞核，我可以只出核的图像。

树突——树，细胞核——核，细胞体——体，神经末梢——神经，轴突——轴，髓鞘——鞘，施万细胞——十万，郎飞结——狼飞。

第二步，定桩记忆。

采用第五章第一节中宫殿的第一区来记忆。注意，这里根据记忆内容数量增加了三个地点。

①拖把
②花洒
③收纳架
④暖气片
⑤马桶
⑥镜子
⑦水龙头
⑧洗手池

图像	地点	定桩联结
树	拖把	拖把那里长了一棵树（树突）
核	花洒	花洒那里流出来许多果核（细胞核）
体	收纳架	收纳架那里的东西是一个整体（细胞体）
轴	暖气片	暖气片中间的轴都是热的（轴突）
鞘	马桶	马桶上有把利剑出鞘了（髓鞘）
十万	镜子	买这个镜子花了十万元（施万细胞）
狼飞	水龙头	水龙头上有一匹狼在练习飞翔（郎飞结）
神经	洗手池	洗脸池上布满了神经（神经末梢）

第三步，对号入座。

接下来根据图形的特征，将文字一一对号入座，就可以啦！

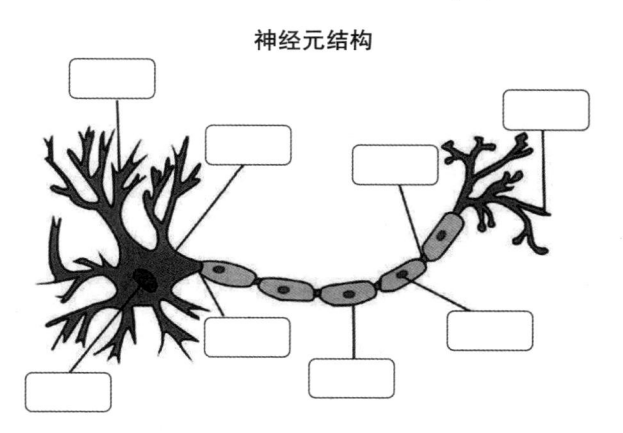

神经元结构

第十八章　卡牌记忆

我们在生活中经常会玩各种各样的卡牌游戏，而很多卡牌游戏十分考验我们的记忆能力。本章我们通过上篇介绍的关联法、编码法、地点法等，来为大家讲解一下记忆扑克牌、色卡的方法。

第一节　扑克牌记忆

扑克牌记忆是常见的记忆力展示项目，也是脑力竞赛中必不可少的项目。记忆扑克牌的方法有很多，上篇第四章的"符号编码"一节就教授过初阶扑克记忆方法。本节会讲解扑克牌记忆的高阶方法——地点法。

首先来了解一下扑克牌记忆的基本要素：编码出图、编码联结和编码定桩。

一、编码出图

上篇第四章"符号编码"这一节中讲解了扑克牌的编码，这是扑克牌记忆的基础。如果你还没有熟练掌握扑克牌的编码，请先学习扑克牌编码，直到熟练掌握后再学习本节。

扑克牌的编码出图就是看到一张扑克牌，就能快速地反应出对应的图像、动作以及感受。比如，红桃A对应的是：鳄鱼（图像）不停地撕咬（动作），我害怕极了（感受）。

这就是出图的基础。初学者在将所有扑克牌的编码熟练掌握后，就可以练习下一步联结了。

（一）出图的要求

出图要做到清晰、快速（同数字编码）。清晰即外形清晰、色彩清晰、感觉清晰。快速则是要做到出图时去掉中间环节，即看到扑克牌直接想到对应的图像，而不要先转换成数字再转换成图像。

（二）训练方法

用一副打乱的扑克牌进行读牌训练。

（三）目标

扑克牌出图时，为了尽快将扑克牌与数字编码一一对应，刚开始时如果反应比较慢，可以一边翻译一边出图，中后期有一定熟练度后则要进行直映出图，即看到扑克牌直接出画面。

二、编码联结

扑克牌编码的联结其实就是将编码A与编码B这两个编码通过AB模型联系起来。其中编码A的动作是固定且唯一的，编码B的受力部位也是固定且唯一的。

例如：

方块4和梅花A：石狮砸向鲨鱼。

（一）联结要求

动作唯一、动作完整。

（二）训练方法

不断进行扑克牌联结训练，达到像呼吸一样顺畅的水平。

三、编码定桩

编码定桩就是将两个编码的联结图像与地点联系起来。到这一步你就可以记忆扑克牌了。记忆的时候要注意每个地点桩上只记忆一个联结。

例如：

这里用到了第五章第一节中宫殿的第三区。

① 电视
② 书架
③ 茶几
④ 沙发
⑤ 毛绒玩具

花色	图像	地点	定桩联结
梅花A、方片9	鲨鱼、死囚	电视	鲨鱼在电视机上把死囚吞了一半
红桃5、梅花9	二胡、三角	书架	二胡在书架上锯三角尺
黑桃7、方片K	玉器（具象为玉白菜）、骑士（具象为盾牌）	茶几	玉白菜摔碎在茶几上的盾牌上
红桃6、梅花3	河流、闪闪（具象为金佛）	沙发	河流将金佛冲到了沙发上
黑桃8、红桃4	一巴、恶狮	毛绒玩具	一巴掌拍死了毛绒玩具上的恶狮

以此类推，只需要26个地点桩就可以将52张扑克牌全部记住。

（一）定桩要求

图像清晰完整、动作流畅自然、感觉深刻到位。

（二）训练方法

扑克牌的记忆对一遍记忆的准确率要求比较高，前期可以先从半副（26张）开始练起，只记一遍。刚开始可能错误较多，不必担心，只要你坚持按要求训练，用不了多久就可以全部正确。等到可以轻松记忆半副时，就可以尝试记忆一整副扑克牌了。在练习的时候正确率优先，在保证正确率的前提下，不断压缩时间来达到自己想要的效果。

第二节　色卡记忆

色卡记忆其实就是对颜色的记忆。记忆方法非常简单，与数字记忆几乎是一样的，即将颜色转化成数字，最终以记忆数字的方式完成记忆。我们就以记忆魔方颜色为例，给大家讲解。

一、魔方颜色编码表

在第四章第三节中我们给出了魔方颜色的编码对照表。

二、记忆实战

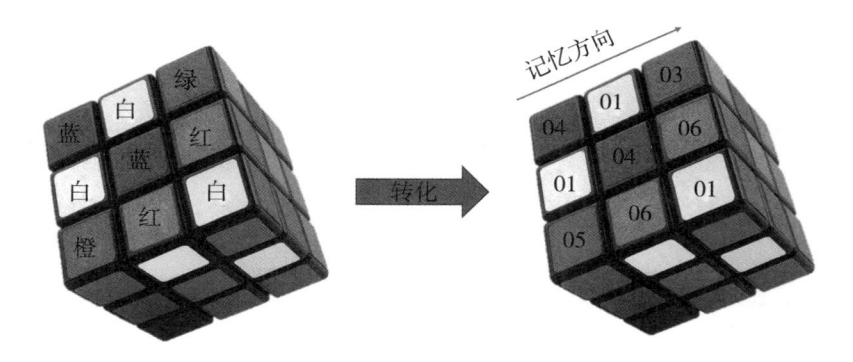

第一步，将颜色转化为对应的数字，数字对应编码。

第二步，记忆转化后的数字。具体记忆步骤与数字记忆一样，请参考上篇第五章第四节"记忆宫殿"中的数字记忆。

第三步，将记忆的数字再转化为对应的颜色。

小提示：记忆之前先熟练掌握颜色编码的转化，最好能做到直映，即看到颜色直接想到编码动作；先练习1~2个面，随着掌握熟练度的增加，再增加量。

第十九章　头像记忆

我们在生活中经常会听见有人说自己是"脸盲",也就是分不清面孔,经常把面孔对应的名字、头衔等张冠李戴,甚至分不清自己在生活或者工作中遇到的工作伙伴或者朋友。本章我们通过上篇介绍的出图法、场景法、串联法和地点法等,来为大家讲解一下在生活和工作当中如何记忆人名、头像、头衔等信息。

第一节　人名与头像记忆

人名头像记忆主要是利用人名和头像的特点,结合出图法、串联法和地点法等进行记忆。

1.**串联法**:由人名联想出图像,同时找出特点,再将人名图像与头像特点做联系。

2.**部位法**:将人名图像、头像特点逐条与部位做联系。

3.**场景法**:由人名或者姓氏联想出相应的场景,并将头像特点与此场景做联系。

这里主要给大家讲解最容易上手的串联法,这也是记忆大师最常用的方法。例如(以下名字均为虚构,仅用于演示):

| 鲁贝列 |  玛丽·尔多 |  贾利德·崔 |  杨怡知 |  米菲 |

(头像选自世界记忆锦标赛真题)

第一步，人名出影像，具体方法参照上篇第一章内容。

鲁贝列：鲁班的贝壳裂开了。

玛丽·尔多：超级玛丽在吃耳朵。

贾利德·崔：家里的人都姓崔。

杨怡知：养一只羊。

米菲：大米飞起来了。

第二步，找特征，把头像特征与人名联系起来。

常见的特征有：发型、衣服、首饰、表情、物品等。

人名图像：鲁班的贝壳裂开了。

特征：法官服，想到法庭。

记忆：鲁班的贝壳在法庭上裂开了。

运用场景联结

鲁贝列

人名图像：超级玛丽在吃耳朵。

特征：项链。

记忆：超级玛丽在吃耳朵，我用项链将他勒住。

直接串联

玛丽·尔多

剩余的人名头像请你自己试一试记忆吧。

第二节　头衔记忆

在生活和工作中我们经常会认识一些人，他们有自己的职务或者头衔，那么我们该如何将这些信息牢牢地记住呢？下面来为大家讲解记忆头衔的方法。一般有两种方法：如果只有一个头衔，那我们就用串联法记忆；如果有多个头衔，那就用部位法或者地点法记忆。

一、单个头衔记忆

如果只有一个头衔，记忆起来是非常简单的，我们只需要将人物名字与头衔分别出图，然后简单串联即可。

记忆步骤：

第一步，出图。

对要记忆的关键词进行出图。不需要每个字都出图，只需要将能使你顺利还原资料的关键字或词出图即可。

第二步，串联。

将两个图像用最简单的故事画面联系起来。

第三步，还原。

根据记忆的图像还原资料，注意字词的写法。

例如：

1.尹吉甫——诗祖

出图：尹吉甫——吉普，诗祖——祖父。

串联：吉普车里坐着我的祖父。

2.谭文婉——诗妖

出图：谭文婉——文玩，诗妖——妖精。

串联：文玩被妖精偷走了。

3.刘禹锡——诗豪

出图：刘禹锡——玉玺，诗豪——豪宅。

串联：玉玺珍藏在豪宅里。

4.罗邺——诗虎

出图：罗邺——落叶，诗虎——老虎。

串联：落叶飘落在老虎身上。

5.王勃——诗杰

出图：王勃——鸭脖，诗杰——姐姐。

串联：我把鸭脖送给了姐姐。

二、多个头衔记忆

如果有多个头衔需要记忆，我们就需要用到部位法或者地点法，通常使用部位法记忆。

记忆步骤：

第一步，出图。

对要记忆的关键词进行出图。出图时不需要每个字都出图，只需要将能使你顺利还原资料的关键字或词出图即可。

第二步，找部位。

根据记忆关键词图像的数量选择合适的部位。

第三步，还原。

根据记忆的图像还原原来的资料，注意字词的写法。

例如：

孔子：春秋末期思想家、政治家、教育家，儒家学派的创始人。

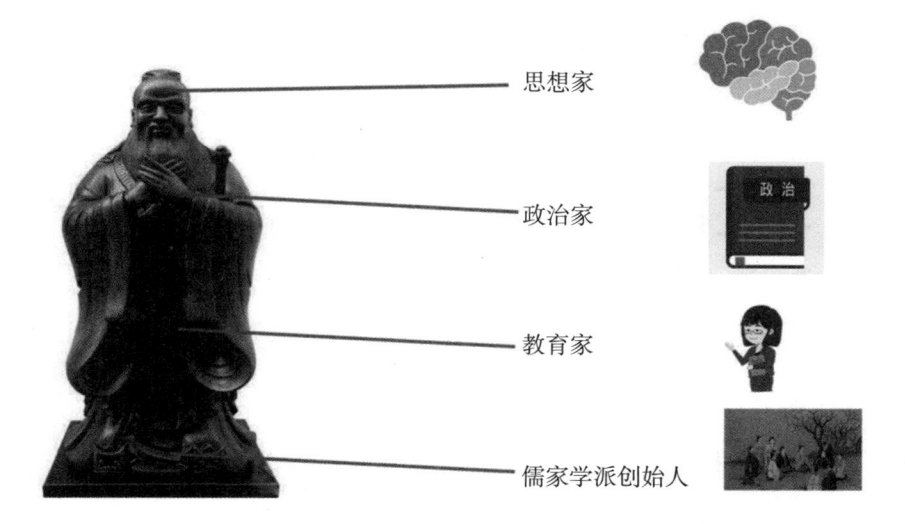

大脑——思想家：大脑在不停地思考，思想很先进。

手——政治家：手里拿了一本政治书。

肚子——教育家：肚子里都是学问，接受了很好的教育。

脚——儒家学派创始人：脚底下有一群人在学习儒家文化。

下篇:
记忆全能王(能力篇)

第二十章　随机数字训练

本章开始进行数字记忆的系统训练。在训练之前，请你先做一个自我检查，检查一下自己有没有掌握以下内容：数字编码、地点、数字记忆的基本方法。

如果你还没有掌握，请继续学习上篇和中篇中的相关内容；如果你已经熟练掌握，那么就可以开始下面的学习了。

训练的思路：

难易程度：数字记忆需要循序渐进，直接挑战高难度，记忆效果会差，容易有挫败感。刚开始的时候我们可以少量多次地记忆，以提升对数字记忆方法的熟练度，随着熟练度的增加，逐步增加数字的记忆量。

基本功训练：数字记忆的基本功主要是指一遍记忆的能力，即固定数量的数字只记一遍就能全部正确回忆的能力。一般从40个数字开始练起，不管记忆时间长短，先做到一遍全对。当找到全对的感觉和自信后，再压缩时间，记得越快越好。当你感觉到记忆很轻松且正确率很高时，可以适当增加一遍记忆的量。

宽度的训练：此方法训练记忆的速度、准确率和宽度，为综合训练。给自己5分钟时间，尽可能记忆更多的数字。初学者可以选择记忆两遍，3分半左右记完第一遍，能记多少算多少，剩下的1分半时间记忆第二遍。完成记忆之后，在5分钟内默写出来并核对答案。5分钟能准确记忆240个数字时，已基本达到职业记忆选手的水平。

记忆训练没有最好只有更好，当你不断突破自我极限的时候，不仅你的记忆能力会提升，你的专注力、意志力和自信心也会大幅提升。想要熟练掌握数字记忆的方法，需要大量练习，熟悉记忆流程，不断地优化记忆步骤，形成记忆习惯，如此一来记忆数字对你来说将不再困难。

为了能够实时了解自己的水平，我们需要写训练日志。日志的主要内容包括：记录记忆数量和时间；检查记忆效果，记录错误的地方；分析错误原因，写出改进方案；记录当天日期。

第一节　数字基础训练

对于初学者而言，最容易上手的数字记忆方法就是单编码系统，也就是一个地点记忆一个数字编码（2个数字），这个方法也是数字表演中最好用的方法之一。训练时主要训练三个方面：编码、地点和定桩。

一、出图

即对数字做编码反应。例如：看到12就立刻想到婴儿的图像以及婴儿在爬行的动作。以此类推，将每一个编码图像都记到滚瓜烂熟。

先练习正序的出图，即看到数字脑海中就出现对应的图像及动作。如果有反应不出来的，就把它写在右侧不熟悉的编码格子里，如下表所示。等全部反应一遍后，再有针对性地练习刚刚没有反应出来的编码。练习好后再按照顺序训练，如遇到反应不出来的还是写在一旁，进行针对性训练，直到所有编码都可以全部准确无误地反应出来。

当所有的编码都可以准确地反应出来后，就可以记录反应时间了，即每完成一次编码反应所用的时间。开始反应时按下计时器，结束时停止计时，然后将时间写在下方对应序号的后面。如此往复，直到可以在100秒内完成数字00~99的编码反应，就可以结束此项训练，开始练习乱序出图了。

数字					不熟悉编码
00	01	02	03	04	
05	06	07	08	09	
10	11	12	13	14	

续表

数字					不熟悉编码
15	16	17	18	19	
20	21	22	23	24	
25	26	27	28	29	
30	31	32	33	34	
35	36	37	38	39	
40	41	42	43	44	
45	46	47	48	49	
50	51	52	53	54	
55	56	57	58	59	
60	61	62	63	64	
65	66	67	68	69	
70	71	72	73	74	
75	76	77	78	79	
80	81	82	83	84	
85	86	87	88	89	
90	91	92	93	94	
95	96	97	98	99	
时间					

乱序出图的训练要求和正序是一样的，只是数字是乱序的。出图时将不熟悉的数字写在右侧格子里，每一次结束都需要计时，直到可以在100秒内全部反应出来，这时记忆数字就很轻松了。

二、地点

将每一组地点都进行正背、倒背和抽背，并且背诵时要不断加深对地点图像的记忆和感觉。

家里的地点

地点名称	区域				
	1	2	3	4	5
洗手间	拖把	收纳架	暖气片	马桶	洗手池
书房	拉杆箱	窗台	医药箱	吉他	打印机
客厅	电视	书架	茶几	沙发	毛绒玩具
厨房	壁挂炉	洗菜池	筷子盒	微波炉	灶台
卧室	床头柜	床	空调	推拉门	梳妆台

你可以按照以上表格形式整理自己的记忆宫殿。地点在脑海中每回忆一次，就记录一次时间，直到可以在30秒内快速反应，当然越快越好。尝试将区域与地点默写在下列表格中。

地点名称	区域				
	1	2	3	4	5

三、定桩

数字的记忆可以从20个开始，练习记一遍全对的能力。随着能力的增强，数字也可以随之增加到30个、40个。达到40个就可以进入下一阶段的训练了。

随机数字（20个/行）

数字										记忆时间
66	35	92	69	19	74	34	86	18	35	
26	61	85	61	88	96	51	65	45	77	
41	50	68	96	96	14	81	99	75	49	
78	83	32	22	23	59	78	75	26	26	
85	83	28	64	43	18	20	91	70	82	
33	83	18	42	56	60	59	27	64	80	
66	94	69	91	70	86	17	60	38	41	
59	47	21	11	52	24	65	68	51	78	
46	76	25	13	69	11	47	39	88	45	
55	63	73	22	77	70	37	27	43	75	
68	86	57	18	40	69	68	31	56	59	
16	16	14	26	78	46	98	70	55	80	
40	49	22	51	89	36	26	68	58	93	
71	17	71	56	33	75	90	58	45	89	
95	14	20	41	98	93	74	98	95	68	
92	54	40	19	23	46	16	72	21	43	
82	88	71	67	38	66	90	88	27	49	
41	22	86	48	75	23	69	77	70	81	
53	29	84	96	35	24	29	52	24	67	
74	42	54	80	12	50	51	51	65	15	

第二节　数字提升训练

上一节讲了数字记忆基础能力的训练，本节进行数字记忆的进阶训练，也就是记忆宽度的训练。通常以5分钟为限，即训练在5分钟内正确记忆更多的数字。一般连续记忆两遍，如果你一遍能力很强也可以只记一遍。

训练思路：

1.**定量**：根据自身的数字记忆基础能力来给自己加量。如果你的基础能力是2分钟记忆20个数字，那么你5分钟记忆40~50个数字就是合理的。如果你的基础能力是3分钟记忆20个数字，那么你5分钟应该能记忆30个左右的数字。

2.**加量**：根据5分钟数字的记忆水平，增加记忆的量。如果5分钟记忆40个数字对你来说太简单了，那你就可以加到50个。当记忆50个没有难度时，可以增加到60个，以此类推。根据自己的记忆能力增加即可，每次增加的量为10的整数倍。

数字提升训练表（世界记忆锦标赛真题形式）

1	1	9	6	6	7	6	3	7	0	8	0	4	7	0	6	6	2	4	8	row1
9	9	0	9	7	4	4	5	1	4	2	5	5	8	0	3	5	4	5	7	row2
7	0	1	8	5	9	0	1	4	6	1	0	0	4	1	6	2	9	6	4	row3
4	2	5	3	1	3	2	9	1	6	0	2	2	6	6	9	7	3	0	0	row4
4	9	4	4	9	9	7	1	7	7	2	4	6	9	1	5	7	8	7	0	row5
6	2	9	1	1	2	6	0	4	5	6	3	4	4	6	4	9	0	5	3	row6
1	1	4	2	9	3	6	3	5	6	9	4	8	2	5	0	2	6			row7
9	4	5	0	4	2	8	7	6	6	1	4	3	4	2	2	7	4	7	2	row8
9	8	1	4	3	3	7	3	0	2	5	1	7	8	3	1	2	7	1	8	row9
2	4	2	3	2	8	8	9	6	7	1	7	2	9	4	9	2	5	1	6	row10

195

第三节　数字拓展训练

本节主要讲一下马拉松数字记忆和世界记忆大师所用的数字记忆进阶方法。

一、马拉松数字记忆

马拉松数字记忆要求参加者在规定的时间内记忆更多的数字，常见的有15分钟、30分钟和60分钟的马拉松数字项目。马拉松数字记忆项目考察我们的毅力、专注力，以及记忆的持久度等能力，因此我们在训练时，要多训练自己的一遍能力和记忆的宽度。在马拉松数字记忆项目中，一般记忆两遍，正确率高也可尝试只记一遍，正确率差最多记忆三遍。

一遍能力梯度（个）	40	80	120	240	360	……
记忆宽度（个）	120	240	360	480	960	……

二、数字记忆的进阶方法

如果你要参加竞技类的比赛，那么就一定要学会在一个地点桩上记忆两个数字编码，这是记忆大师必备的技能。具体如何去记忆，可参考中篇中扑克牌记忆的内容。

训练的思路：

先练习出图和联结的能力，熟练以后就可以练习基本功了，也就是一遍能力。一般从40个数字开始练起，如果要增加的话，也是以40的倍数去增加，如80个、120个、240个等。当基本功正确率达到80%以上后，就可以练习记忆的宽度。

训练流程：

1.**出图**。在数字基础训练中已经讲过，按照其要求训练即可。

2.**联结**。将编码A与编码B两个编码用AB模型连接起来即可。一般来说，编码A的动作和编码B的作用点需要固定下来，不要每次都改变，我们只管练习熟练度即可。

每一次联结时，都一定要看清楚编码的图像、动作，以及两个编码间产生的整体画面，并记清楚产生的感觉。

联结训练也是由易到难的过程。先从3行练起，每次记录时间，感觉很轻松时提升到6行一次，以此类推，提升至12行、15行、18行……根据自己的实际训练情况调整即可。

3.定桩。要求与数字基础训练是一样的，唯一不同是基础训练是一个地点记忆一个编码，而进阶训练是一个地点记忆两个编码。

训练时，每天训练基本功，然后进行15分钟的数字测试，测试完成后进行总结。如此往复，不断优化。直到达到自己想要的效果。

第二十一章　生字词训练

记忆是一种能力，想要将方法熟练掌握，就离不开训练。本章为生字词的训练。生字词的记忆方法有串联法、编码法、部位法和地点法。具体方法在上篇和中篇中有详细讲解。

训练的思路：

难易程度：字词记忆需要循序渐进，直接挑战高难度，记忆效果会差，容易有挫败感。我们可以先记忆一些不熟悉的汉字，逐步过渡到词语。当记忆词语也很轻松时，我们就可以挑战成语记忆了。

基本功训练：生字词记忆的基本功主要是指一遍记忆词语的能力，即固定数量的词语只记一遍就能全部正确回忆的能力。一般从20个词语开始练起，不管记忆时间长短，先做到一遍全对。当找到全对的感觉和自信时，再压缩时间，记得越快越好。当你感觉到记忆很轻松且正确率很高时，可以适当增加一遍记忆的量。

宽度的训练：此方法训练记忆的速度、准确率和宽度，为综合训练。目的是让自己在5分钟时间内，尽可能记忆更多的词语。初学者可以选择记忆两遍，3分半左右记完第一遍，能记多少算多少，剩下1分半时间记忆第二遍。完成记忆之后，5分钟内默写出来并核对答案。5分钟能准确记忆60个词语时，已基本达到职业记忆选手的水平。

记忆训练没有最好只有更好，当你不断突破自我极限的时候，提升的不仅是记忆能力，还有你的专注力、意志力和自信心。想要熟练掌握字词记忆的方法，需要大量练习，熟悉记忆流程，不断地优化记忆步骤，形成记忆习惯，如此一来字词记忆对你来说将不再困难。

为了能够实时了解自己的水平，我们需要写训练日志。内容包括：记录记忆数量和时间；检查记忆效果，记录错误的地方；分析错误原因，写出改进方案；记录当天日期。

第一节　生字训练

性（xìng）	格（gé）	凭（píng）	贪（tān）	职（zhí）
痒（yǎng）	稿（gǎo）	踩（cǎi）	梅（méi）	蛇（shé）
跌（diē）	撞（zhuàng）	僻（pì）	崇（chóng）	旋（xuán）
嘉（jiā）	砖（zhuān）	隔（gé）	堡（bǎo）	屈（qū）
垒（lěi）	仗（zhàng）	扶（fú）	智（zhì）	慧（huì）
魄（pò）	殿（diàn）	廊（láng）	柱（zhù）	栽（zāi）
筑（zhù）	阁（gé）	朱（zhū）	堤（dī）	雕（diāo）
狮（shī）	态（tài）	孟（mèng）	浩（hào）	陵（líng）
辞（cí）	唯（wéi）	舍（shě）	君（jūn）	洪（hóng）
暴（bào）	猛（měng）	涨（zhǎng）	裤（kù）	懒（lǎn）
稳（wěn）	俗（sú）	衡（héng）	序（xù）	伏（fú）
峡（xiá）	桂（guì）	移（yí）	湾（wān）	彼（bǐ）

第二节　生词训练

西游记	丰厚	需要	幼儿园	卡片
电邮	歹毒	注意力	和睦	洗脚
小米	植物	踢球	随便	正能量
责怪	环球	自信	礼貌	文章
配备	悬着	平庸	留言	职场

199

续表

涌动	担当	甲骨文	优雅	感恩
花朵	腐竹	抹布	童真	照顾
合格	精彩	备注	单击	进步
书签	下单	胜利	内涵	着装
光明	礼物	微辣	年龄	涵养
核桃	收藏	心声	体验	朋友
门票	介绍	揭穿	陪伴	评论

第三节　成语训练

抓耳挠腮	挤眉弄眼	暗送秋波	拳打脚踢	辗转反侧
东倒西歪	瞠目结舌	眉飞色舞	一瘸一拐	拔腿就跑
连蹦带跳	一步登天	步伐轻盈	飞檐走壁	健步如飞
七手八脚	蹑手蹑脚	手舞足蹈	步伐矫健	匍匐前进
脚踏实地	笨手笨脚	手忙脚乱	调虎离山	大快朵颐
千军万马	举手投足	奔走如飞	上蹿下跳	目不转睛
凝神注视	怒目而视	左顾右盼	东张西望	挤眉弄眼
瞻前顾后	举目远望	极目眺望	尽收眼底	察言观色
刮目相看	面面相觑	虎视眈眈	走马看花	大喜过望
心平气和	平心静气	暴跳如雷	心有余悸	惊魂未定
心安理得	心如刀割	心如死灰	心驰神往	心旷神怡
心乱如麻	心胆俱裂	心神不定	心神恍惚	心悦诚服

第二十二章　古诗文训练

记忆是一种能力，想要将方法熟练掌握，就离不开训练。本章介绍的是古诗文的训练。古诗的记忆方法有串联法、画图法、配图法和地点法。具体方法在中篇"古诗记忆"中有详细讲解。古文的记忆方法有串联法、配图法和地点法。具体方法在中篇"古文记忆"一节中有详细讲解。

训练思路：

难易程度：方法的掌握需要循序渐进，一开始就挑战记忆高难度的古诗文，记忆效果一定会差，容易有挫败感。最开始可以先记忆一些易于理解的、画面感强的古诗，找到图像记忆的感觉。当简单的古诗可以轻松记忆时，可以尝试十几句长度的古诗。当中等篇幅的古诗可以轻松记忆时，可以尝试小古文记忆。当小古文记忆熟练之后，就可以随心所欲了。本章包含四句古诗、八句古诗以至古文的训练内容，遵循了由易到难的训练梯度。

基本功训练：此方法着重提升记忆的速度和准确率。最开始我们练习一遍记忆四句古诗，不管记忆时间长短，先做到一遍全对。当找到全对的感觉和自信时，再压缩时间，记得越快越好。当四句古诗记忆能做到一遍记忆全对且时间控制在60秒内，就可以尝试八句古诗一遍记忆；如果八句古诗也能一遍记忆全对且时间控制在120秒内，那么可以尝试四句古文一遍记忆；如果四句古文也能一遍记忆全对且时间控制在120秒内，就去尝试八句古文一遍记忆；如果八句古文也能一遍记忆全对且时间控制在180秒内，后面就可根据自身水平灵活安排。

宽度训练：此方法训练记忆的速度、准确率和宽度，为综合训练。给自己5分钟时间，尽可能记忆更多的古诗或古文。初学者可以选择记忆两遍，3分半左右记完第一遍，能记多少算多少，剩下的1分半时间记忆第二遍。完成记忆之后，5分钟内默写出来并核对答案。五分钟能准确记忆十六句古诗或八句古文，已达到职业记忆选手的水平。

记忆训练没有最好只有更好，当你不断突破自我极限的时候，提升的不仅是记忆能力，还有你的专注力、意志力和自信心。想要熟练掌握记忆古诗文的方法，需要做大量的练习，熟悉记忆流程，不断地优化记忆步骤，形成记忆习惯，如此一来古诗文记忆对你来说将不再困难。

为了能够实时了解自己的水平。我们需要做训练日志。内容包括：记录记忆数量和时间；检查记忆效果，记录错误的地方；分析错误原因，写出改进方案；记录当天日期。

第一节　四句古诗训练

诗名	作者	诗句
竹里馆	唐·王维	独坐幽篁里，弹琴复长啸。 深林人不知，明月来相照。
登幽州台歌	唐·陈子昂	前不见古人，后不见来者。 念天地之悠悠，独怆然而涕下！
行军九日思长安故园	唐·岑参	强欲登高去，无人送酒来。 遥怜故园菊，应傍战场开。
峨眉山月歌	唐·李白	峨眉山月半轮秋，影入平羌江水流。 夜发清溪向三峡，思君不见下渝州。

第二节　八句古诗训练

诗名	作者	诗句
次北固山下	唐·王湾	客路青山外，行舟绿水前。潮平两岸阔，风正一帆悬。 海日生残夜，江春入旧年。乡书何处达，归雁洛阳边。

续表

诗名	作者	诗句
望岳	唐·杜甫	岱宗夫如何？齐鲁青未了。造化钟神秀，阴阳割昏晓。荡胸生曾云，决眦入归鸟。会当凌绝顶，一览众山小。
赠从弟（其二）	汉·刘桢	亭亭山上松，瑟瑟谷中风。风声一何盛，松枝一何劲！冰霜正惨凄，终岁常端正。岂不罹凝寒？松柏有本性。
望洞庭湖赠张丞相	唐·孟浩然	八月湖水平，涵虚混太清。气蒸云梦泽，波撼岳阳城。欲济无舟楫，端居耻圣明。坐观垂钓者，徒有羡鱼情。

第三节　古文记忆

乡村

乡间农家，竹篱茅屋，临水成村。水边杨柳数株，中夹桃李，飞燕一双，忽高忽低，来去甚捷。

记忆方法：＿＿＿＿＿＿＿＿＿＿＿＿＿＿＿＿＿＿＿

记忆时间：＿＿＿＿＿＿＿＿＿＿＿＿＿＿＿＿＿＿＿

回忆时间：＿＿＿＿＿＿＿＿＿＿＿＿＿＿＿＿＿＿＿

总结：＿＿＿＿＿＿＿＿＿＿＿＿＿＿＿＿＿＿＿＿＿

雪人

大雪之后，庭中积雪数寸，群儿偕来，堆雪作人形。目张、口开，肢体臃肿，跌坐如僧。有顷，日出雪融。雪人亦消瘦，渐化为水矣。

记忆方法：＿＿＿＿＿＿＿＿＿＿＿＿＿＿＿＿＿＿＿

记忆时间：＿＿＿＿＿＿＿＿＿＿＿＿＿＿＿＿＿＿＿

回忆时间：＿＿＿＿＿＿＿＿＿＿＿＿＿＿＿＿＿＿＿

总结：＿＿＿＿＿＿＿＿＿＿＿＿＿＿＿＿＿＿＿＿＿

王戎七岁

王戎七岁，尝与诸小儿游。看道边李树多子折枝，诸儿竞走取之，唯戎不动。人问之，答曰："树在道边而多子，此必苦李。"取之，信然。

记忆方法：_____
记忆时间：_____
回忆时间：_____
总结：_____

狐假虎威

虎求百兽而食之，得狐。狐曰："子无敢食我也！天帝使我长百兽。今子食我，是逆天帝命也；子以我为不信，吾为子先行，子随我后，观百兽之见我而敢不走乎？"虎以为然，故遂与之行。兽见之，皆走。虎不知兽畏己而走也，以为畏狐也。

记忆方法：_____
记忆时间：_____
回忆时间：_____
总结：_____

第二十三章　现代文训练

记忆是一种能力，想要将方法熟练掌握，就离不开训练。本章介绍的是现代文的训练。现代文的记忆方法有编码法和地点法。具体方法在中篇现代文记忆一节中有详细讲解。

训练思路：

难易程度：方法的掌握需要循序渐进，一开始就记忆大篇幅现代文，记忆效果一定会差，容易有挫败感。最开始可以先找一些短句记忆，找到图像记忆的感觉。当短句可以轻松记忆时，可以尝试记忆短文。当短文可以轻松记忆时，可以尝试记忆长文。当长文可以熟练记忆之后，就可以随心所欲了。本章设置了短句、短文以至长文的训练内容，也是遵循了由易到难的训练梯度。

基本功训练：此方法着重提升记忆的速度和准确率。最开始我们练习五个短句一遍记忆，不管记忆时间长短，先做到一遍全对。当找到全对的感觉和自信后，再压缩时间，记得越快越好。当五个短句一遍记忆全对且时间控制在90秒后，就可以尝试八个短句一遍记忆；当八个短句一遍记忆全对且时间控制在150秒内后，就可以尝试十个短句一遍记忆；当十个短句一遍记忆全对且时间控制在180秒内，就可根据自身水平灵活安排训练了。

宽度训练：此方法训练记忆的速度、准确率和宽度，为综合训练。先用短文训练，一篇短文记忆两遍，完成记忆之后，默写出来并核对答案。当短文记忆可以轻松完成时，换长文训练，一篇长文记忆两三遍，完成记忆之后，默写出来并核对答案。5分钟能准确记忆十五句左右长度的文章，已达到职业记忆选手的水平。

记忆训练没有最好只有更好，当你不断突破自我极限的时候，提升的不仅是记忆能力，还有你的专注力、意志力和自信心。想要熟练掌握记忆现代文的方法，需要做大量的练习，熟悉记忆流程，不断地优化记忆步骤，形成记忆习惯，如此一来现代文记忆对你来说将不再困难。

为了能够实时了解自己的水平，我们需要写训练日志。内容包括：记录记忆数量和时间；检查记忆效果，记录错误的地方；分析错误原因，写出改进方案；记录当天日期。

第一节　短句训练

一、精美短句记忆

1.你把东风带给树枝，让小鸟快活地飞上蓝天；你把青草带给原野，让千万朵鲜花张开笑脸。

2.风来了。先是一阵阵飘飘的微风，从西北的海滩那边沙沙地掠过来，轻轻地翻起。

3.从温暖的楼里出来，刚到楼门口，一阵寒风猛地刮来，我立刻感到浑身冰凉，像一下到了北极。

4.那一簇簇的小草顶破了地面，悄悄地探出了嫩绿的脑袋，神气地立在地面上。

5.金灿灿的朝晖，渐渐染红了东方的海角，高高的黄山主峰被灿烂的云霞染成一片绯红。

二、励志短句

1.此刻打盹，你将做梦；而此刻学习，你将圆梦。

2.我荒废的今日，正是昨日殒身之人祈求的明日。

3.觉得为时已晚的时候，恰恰是最早的时候。

4.勿将今日之事拖到明日。

5.学习时的苦痛是暂时的，未学到的痛苦是终生的。

三、歇后语

1. 周瑜打黄盖——一个愿打,一个愿挨
2. 丈二的和尚——摸不着头脑
3. 石缝里塞棉花——软硬兼施
4. 老鼠过街——人人喊打
5. 猪鼻子插葱——装相(象)

第二节 短文训练

秋天的雨(节选)

秋天的雨,有一盒五彩缤纷的颜料。你看,它把黄色给了银杏树,黄黄的叶子像一把把小扇子,扇哪扇哪,扇走了夏天的炎热。它把红色给了枫树,红红的枫叶像一枚枚邮票,飘哇飘哇,邮来了秋天的凉爽。金黄色是给田野的,看,田野像金色的海洋。橙红色是给果树的,橘子、柿子你挤我碰,争着要人们去摘呢!菊花仙子得到的颜色就更多了,紫红的、淡黄的、雪白的……美丽的菊花在秋雨里频频点头。

爬山虎的脚(节选)

爬山虎刚长出来的叶子是嫩红的,不几天叶子长大,就变成嫩绿的。爬山虎的嫩叶,不大引人注意,引人注意的是长大了的叶子。那些叶子绿得那么新鲜,看着非常舒服。叶尖一顺儿朝下,在墙上铺得那么均匀,没有重叠起来的,也不留一点儿空隙。一阵风拂过,一墙的叶子就漾起波纹,好看得很。

鸟的天堂(节选)

船在树下泊了片刻。岸上很湿,我们没有上去。朋友说这里是"鸟的天堂",有许多鸟在这树上做巢,农民不许人去捉它们。我仿佛听见几只鸟扑翅的声音,等我注意去看,却不见一只鸟的影子。只有无数的树根立在地上,像许多根木桩。土地是湿的,大概涨潮的时候河水会冲上岸去。"鸟的天堂"里没有一只鸟,我不禁这样想。于是船开了,一个朋友拨着桨,船缓缓地移向河中心。

第三节　长文训练

雪

鲁迅

　　暖国的雨，向来没有变过冰冷的坚硬的灿烂的雪花。博识的人们觉得他单调，他自己也以为不幸否耶？江南的雪，可是滋润美艳之至了；那是还在隐约着的青春的消息，是极壮健的处子的皮肤。雪野中有血红的宝珠山茶，白中隐青的单瓣梅花，深黄的磬口的蜡梅花；雪下面还有冷绿的杂草。蝴蝶确乎没有；蜜蜂是否来采山茶花和梅花的蜜，我可记不真切了。但我的眼前仿佛看见冬花开在雪野中，有许多蜜蜂们忙碌地飞着，也听得他们嗡嗡地闹着。

　　孩子们呵着冻得通红，像紫芽姜一般的小手，七八个一齐来塑雪罗汉。因为不成功，谁的父亲也来帮忙了。罗汉就塑得比孩子们高得多，虽然不过是上小下大的一堆，终于分不清是壶卢还是罗汉，然而很洁白，很明艳，以自身的滋润相粘结，整个地闪闪地生光。孩子们用龙眼核给他做眼珠，又从谁的母亲的脂粉奁中偷得胭脂来涂在嘴唇上。这回确是一个大阿罗汉了。他也就目光灼灼地嘴唇通红地坐在雪地里。

　　第二天还有几个孩子来访问他；对了他拍手，点头，嘻笑。但他终于独自坐着了。晴天又来消释他的皮肤，寒夜又使他结一层冰，化作不透明的水晶模样，连续的晴天又使他成为不知道算什么，而嘴上的胭脂也褪尽了。

　　但是，朔方的雪花在纷飞之后，却永远如粉，如沙，他们决不粘连，撒在屋上，地上，枯草上，就是这样。屋上的雪是早已就有消化了的，因为屋里居人的火的温热。别的，在晴天之下，旋风忽来，便蓬勃地奋飞，在日光中灿灿地生光，如包藏火焰的大雾，旋转而且升腾，弥漫太空，使太空旋转而且升腾地闪烁。

　　在无边的旷野上，在凛冽的天宇下，闪闪地旋转升腾着的是雨的精魂……

　　是的，那是孤独的雪，是死掉的雨，是雨的精魂。

第二十四章　史地政训练

历史、地理、政治需要记忆的知识点非常多，大部分学生记忆起来都有难度。想要快速记忆史地政知识点，只学会记忆方法是不够的，还需要实战训练，这样才能做到随机应变、举一反三。从记忆的角度，史地政知识点可以归纳为常识题、简答题和论述题。具体方法在中篇"知识体系记忆"一章中有详细讲解。

训练思路：

难易程度：史地政知识点比较繁杂。最开始可以练习记忆一些常识题，找到图像记忆的感觉。当常识题能够轻松记忆时，就可以尝试记忆简答题了。当简答题可以轻松记忆时，就可以随心所欲了。本章设置了历史知识点、地理知识点、道德与法治知识点的训练内容，每一科都要从常识题开始训练，直到能够轻松记忆简答题，把握好由易到难的梯度。

基本功训练：此方法着重提升记忆的速度和准确率。最开始我们练习五个常识一遍记忆，不管记忆时间长短，先做到一遍全对。当找到全对的感觉和自信时，再压缩时间，记得越快越好。当五个常识一遍记忆全对且时间控制在60秒内后，尝试十个常识一遍记忆；当十个常识一遍记忆全对且时间控制在120秒内后，控制二十个常识一遍记忆；当二十个常识一遍记忆全对且时间控制在180秒内后，可根据自身水平灵活安排训练内容。

宽度训练：此方法训练记忆的速度、准确率和宽度，为综合训练。用简答题训练，一道简答题记忆两遍，完成记忆之后，默写出来并核对答案。当记忆一道简答题感觉很轻松的时候，可以尝试一次记忆两道简答题，以此类推。当你一次可以轻松记忆五道简答题时，后面可根据自身水平灵活安排。10分钟能准确记忆五道简答题，已达到职业记忆选手的水平。

记忆训练没有最好只有更好，当你不断突破自我极限的时候，提升的不仅是记忆能力，还有你的专注力、意志力和自信心。想要熟练掌握史地政的记忆方法，需要做大量的练习，熟悉记忆流程，不断优化记忆步骤，形成记忆习惯，如此一来史地政知识记忆对你来说将不再困难。

为了能够实时了解自己的水平，我们需要写训练日志。内容包括：记录记忆数量和时间；检查记忆效果，记录错误的地方；分析错误原因，写出改进方案；记录当天日期。

第一节　历史知识点训练

一、常识题

1.揭开维新变法（戊戌变法）运动序幕的标志性事件是公车上书。

2.结束了我国两千多年封建帝制的标志性事件是辛亥革命。

3.新文化运动兴起的标志是1915年陈独秀在上海创办《青年杂志》（后改名为《新青年》）。

4.标志着中国新民主主义革命开始的事件是1919年五四运动。

5.标志着中国共产党成立的事件是1921年中共一大的召开。

二、简答题

1.简述半坡居民和河姆渡居民的情况：

半坡居民生活在陕西西安东部半坡村，房屋主要是半地穴式圆形房屋，种植粟。半坡遗址是我国黄河流域原始农业文化的代表。

河姆渡居民生活在浙江余姚河姆渡村，房屋主要是干栏式建筑，种植水稻。河姆渡遗址是我国长江流域原始农业文化的代表。

2.简述夏朝的建立与西周分封制：

禹建立中国历史上第一个王朝——夏朝，标志着中国王朝的产生。禹死后，他的儿子启继承父位，从此，世袭制代替禅让制。

为稳定周初政治形势，巩固疆土，周王根据血缘关系远近和功劳大小分封宗亲和功臣等，从而确立了周王朝的社会等级制度——分封制。

秦始皇在政治上创立了大一统的中央集权制度。国家的最高统治者称为皇帝，皇帝之下，设有中央政权机构，由丞相、太尉、御史大夫统领；地方上建立郡县制，开创了此后我国历代王朝地方行政的基本模式。

第二节　地理知识点训练

一、常识题

1.世界海陆比例：三分陆地，七分海洋。

2.七大洲：亚洲、非洲、北美洲、南美洲、南极洲、欧洲、大洋洲。

3.六大板块：亚欧板块、美洲板块、非洲板块、太平洋板块、印度洋板块和南极洲板块。

4.我国的四大高原：青藏高原、内蒙古高原、黄土高原、云贵高原。

5.世界海拔最高的高原是青藏高原。

二、简答题

1.山区发展经济的优势与劣势：

优势：利于发展林业、牧业、旅游业、采矿业等；

劣势：山区交通不便，地面崎岖，不利于发展耕作业。

2.简述中国冬季南北温差大的原因：

纬度因素：冬季，太阳直射点位于南半球，南方太阳高度角比北方大，获得太阳辐射多，气温高，且南方白昼比北方时间长，获得的热量多。北方距冬季风发源地近，加剧北方寒冷，加大了南北温差。

3.长江被称为"水能宝库"，简述其成因：

长江上游地区流经地势阶梯交界处，落差大，水量大，水流急，水能资源丰富，所以被称为"水能宝库"。

第三节　道德与法治知识点训练

一、常识题

1.党的十一届三中全会开启了改革开放的历史征程。

2.改革开放是决定当代中国命运的关键抉择，是当代中国最鲜明的特色。

3.进入新时代，我国社会主要矛盾已经转化为人民日益增长的美好生活需要和不平衡不充分的发展之间的矛盾。

4.创新是引领发展的第一动力。创新是一个民族进步的灵魂，是一个国家兴旺发达的不竭动力，也是中华民族最深沉的民族禀赋。

二、简答题

1.为什么要调控情绪？

复杂而多样的情绪让我们的内心世界更加丰富多彩。但是，过分消极的情绪，对我们的心理健康会产生损害。情绪过分激烈或者过分淡漠，过分多变或者过分单一，都容易发展为不良的心理状态。情绪也会影响我们的生理状况。所以我们要懂得调控自己的情绪，维护自己的心理健康。

2.我们应树立什么样的学习观念？

学习是我们立足社会的必要手段。学习是我们提高生活质量的需要。学习也是国家、民族发展和强盛的前提条件。所以我们要树立终身学习的观念，活到老学到老。

3.未成年人的健康成长为什么需要法律的特殊保护？

未成年人的健康成长关系到民族的未来。保障未成年人的合法权益，保证未成年人的健康成长，是构建和谐社会，实现中华民族伟大复兴的需要。未成年人处在人生发展过程中的幼弱时期，生理和心理尚未完全发展成熟，自我保护能力较弱，个人权益容易受到侵害。在家庭、学校和社会中，都可能存在着不同程度侵犯未成年人合法权益的现象。未成年人一旦在不法分子的引诱和胁迫下，陷入违法犯罪的深渊，将会给自己、家庭和社会造成巨大的伤害。

第二十五章　随机单词训练

记忆是一种能力，想要将方法掌握熟练，就离不开训练。本章为随机单词的训练。单词的记忆方法有认识法、拆分法和类比法。具体方法在中篇"单词记忆"一章中有详细讲解。

训练思路：

难易程度：单词记忆难点在于拆分，拆分里最难找的模块是字母编码。我们可以先练习字母记忆，在训练过程中不断地熟悉单字母编码和多字母编码。当字母编码非常熟练之后，将单词按主题分类，对规律词进行记忆训练。当规律词可以轻松记忆时，就可以练习记忆随机单词。记忆随机单词熟练之后，就可以随心所欲了。本章设置了字母、规律词和随机词的训练内容，遵循了由易到难的训练梯度。

基本功训练：此方法着重提升记忆的速度和准确率。最开始我们练习10个字母一遍记忆，不管记忆时间长短，先做到一遍全对。当找到全对的感觉和自信时，再压缩时间，记得越快越好。当10个字母一遍记忆全对且时间控制在60秒内后，尝试20个字母一遍记忆；当20个字母一遍记忆全对且时间控制在120秒内后，尝试40个字母一遍记忆；当40个字母一遍记忆全对且时间控制在180秒内时，后面可根据自身水平灵活安排。

宽度训练：此方法训练记忆的速度、准确率和宽度，为综合训练。用规律词训练，一组规律词（10个左右）记忆一遍，完成记忆之后，汉译英默写并核对答案。当记忆一组规律词很轻松的时候，可以尝试记忆一组随机词（10个左右）。当你一组随机词一遍记忆全对且时间控制在120秒内时，后面可根据自身水平灵活安排。5分钟能准确记忆二十个单词，已达到职业记忆选手的水平。

记忆训练没有最好只有更好，当你不断突破自我极限的时候，提升的不仅是记忆能力，还有你的专注力、意志力和自信心。想要熟练掌握记忆单词的方法，需要做大量的练习，熟悉记忆流程，不断地优化记忆步骤，形成记忆习惯，如此一来单词记忆对于你来说将不再困难。

为了能够实时了解自己的水平，我们需要写训练日志。内容包括：记录记忆数量和时间；检查记忆效果，记录错误的地方；分析错误原因，写出改进方案；记录当天日期。

第一节　字母训练

字母训练表

s	k	x	v	c	o	a	c	h	n	j	h	r	m	v	m	k	q	o	g	tow1
q	k	x	u	l	r	w	e	p	w	q	t	y	p	e	h	z	x	y	c	tow2
f	i	s	h	g	w	h	r	v	y	u	c	g	z	u	a	g	w	m	v	tow3
k	q	i	h	z	c	m	s	m	v	q	m	r	x	p	p	o	e	m	y	tow4
s	c	u	g	b	a	s	k	e	t	c	h	j	d	h	i	k	b	l	o	tow5
s	t	r	e	e	t	p	c	c	a	i	o	l	i	b	x	h	p	w	c	tow6
t	h	i	b	x	t	p	i	z	z	a	r	j	b	w	o	q	z	h	f	tow7
h	o	n	n	p	c	i	n	e	m	a	q	g	z	k	g	z	u	u	q	tow8
i	a	s	k	y	l	n	e	r	l	h	l	f	n	x	t	m	f	l	u	tow9
z	t	m	u	s	t	z	f	u	f	b	l	j	w	j	m	e	a	r	l	tow10

第二节　规律词训练

相同的部分	单词		
ba	bag 手袋	ban 禁止	bad 坏的；劣质的
	bar 酒吧	bat 蝙蝠；球棒（板）	—
co	cow 母牛	con 反对	coo （鸽子）发出咕咕声
	cop 警察	cot 帆布床	—
di	die 死亡	dig 挖；掘	dim 使暗淡
	dip 浸入；下降	dish 盘；一道菜	—
fi	fin 鳍	fit 合适；合身	fix 使固定；修理

意义	单词		
家	house 房子	living room 客厅	bedroom 卧室
	bathroom 浴室	dining room 餐厅	kitchen 厨房
	restroom 卫生间	laundry room 洗衣房	study 书房
数字	twenty 二十	thirty 三十	forty 四十
	fifty 五十	sixty 六十	hundred 百
	thousand 千	million 百万	billion 十亿
方位	north 北	south 南	west 西
	east 东	northwest 西北	southeast 东南
	western 西方的	eastern 西方的	northwestern 西北的
天气	sun 晴朗	rain 雨天	cloud 多云
	wind 有风的	snow 雪天	sandstorm 沙尘暴
	bolt 闪电	sunshine 阳光	snowman 雪人

续表

意义	单词		
水果	peach 桃子	apple 苹果	orange 橙子
	grape 葡萄	mango 芒果	banana 香蕉
	cherry 樱桃	watermelon 西瓜	pear 梨
	lemon 柠檬	stawbery 草莓	durian 榴梿

第三节　随机词训练

total 总计	scoop 勺	score 得分	increase 增加
manner 方法	cotton 棉花	admire 欣赏	folk 民间的
dialog 对话	product 产品	ghost 鬼魂	warn 警告
suppose 推断	impolite 不礼貌的	drama 戏剧	bin 垃圾箱
customer 顾客	sentence 句子	method 措施	cancel 取消
silent 沉默的	create 创建	metal 金属	goal 球门
dessert 甜点	brain 大脑	president 负责人	courage 勇气
bedroom 卧室	animal 动物	glove 手套	plastic 塑料

在测试时，随机遮住中文或英文部分，然后反应出英文或中文意思。

后　　记

不知不觉中就到了书的尾声。虽然说这是一本关于记忆方法的书，但其实更像是我们教学的讲稿。

我们一直都站在学生的角度去思考，想通过方法、应用、训练等板块详细地教会每一位读者。奈何我们三位作者自身能力有限，都不是专业的作家，只是记忆培训行业的教练，不能详细地表述出自己的想法，也很难将课堂上的欢乐气氛搬到书本之中，把控大家学习的每一个细节。由于我们无法与读者面对面互动，所以得靠读者朋友们多去思考，积极应用。

书中有很多赘述，也是希望大家能够从不同的角度去思考和感悟。我们原本是想引用大量的实例，让读者朋友们去深入地实践和体会，但是这样会导致篇幅巨大且啰嗦，所以我们删除了一部分实例，希望读者朋友们自己能够举一反三。

记忆力是一种能力，能力的习得和知识点的学习稍有不同。学习某个知识点不容易懂，但是懂了就会，不需要大量的练习。而能力学习很容易懂，应用起来却难，需要反复地训练，养成习惯，才能掌握。但能力一旦习得，就不会轻易失去。

我们希望读者阅读本书上篇时，想象自己在听课，清除杂念，认真吸收；阅读中篇时，积极实践，通过学习的结果推断自己的掌握程度；阅读下篇时，把自己当作一名职业的记忆选手，明确训练的方法和流程，及时修正自己的问题，一步一个脚印地迈向记忆之巅。

我们一直认为提升效率是努力的前提！好比从北京到广州，可以选择步行，也可以选择高铁，更可以选择飞机。坐飞机的人一定是最快到的，但我们不能说选择步行的人不努力，只是交通工具的效率比较低下。所以提高效率，才能事半功倍！阅读此书也是一样，我们也不想大家苦哈哈地研究，反反复复地阅读。而是哪怕每天就读十分钟，也把这十分钟用好，集中精力，全力以赴，快速吸收，积极应用，做一个高效率的人！

若对本书中的内容有任何疑问和建议，欢迎广大读者与我们联系（QQ：

2413732855），我们非常乐意与大家进行更深入的探讨。也欢迎业界的各位专家前辈对我们书中的错误进行批评指正，我们一定虚心改正，努力做到更好！

最后感谢畅销书作家石伟华老师的全力支持和帮助，感谢为本书提供帮助的每一位老师，更感谢本书编辑郝珊珊女士对我们的信任。有了大家的帮助，这本书才有机会和大家见面。

我们会继续努力，砥砺前行，写出更多好的作品，让我们的萤火之光照得更广一些。